锐捷职业认证系列丛书

RCNP 实验指南：构建高级的路由互联网络（BARI）

Building Advanced Routing Internetworks

主编　石　林　方　洋　李文宇

主审　张选波

电子工业出版社

Publishing House of Electronics Industry

北京·BEIJING

内 容 提 要

本书是锐捷网络有限公司授权出版的针对 RCNP（锐捷认证资深网络工程师）认证中 BARI（构建高级的路由互联网络）课程推出的实验指南，作为 BARI 课程的实验指导书籍。

本书总共分为 6 个章节，针对 BARI 学习指南一书中各章节的主要内容提供了多个项目式的实验案例，并在每个案例中给出了针对实现某种特定网络需求或技术的详细配置过程，主要内容包括 RIP 高级实验、OSPF 实验、IS－IS 实验、策略路由实验、路由控制与重发布实验和 BGP 实验。

本书不仅可以作为准备参加 BARI 考试并且欲取得 RCNP 认证人员的学习用书，还可以作为网络设计师、网络工程师、系统集成工程师以及任何技术人员在实际构建路由网络中的技术参考用书。

图书在版编目（CIP）数据

RCNP 实验指南. 构建高级的路由互联网络（BARI）/石林，方洋，李文宇主编. —北京：电子工业出版社，2009.1
（锐捷职业认证系列丛书）
ISBN 978-7-121-07577-3

Ⅰ. R… Ⅱ. ①石… ②方… ③李… Ⅲ. 计算机网络－实验－指南 Ⅳ. TP393－62

中国版本图书馆 CIP 数据核字（2008）第 163124 号

策划编辑：施玉新
责任编辑：李光昊
印　　刷：北京智力达印刷有限公司
装　　订：三河市万和装订厂
出版发行：电子工业出版社
　　　　　北京市海淀区万寿路 173 信箱　邮编 100036
开　　本：787×1092　1/16　印张：18.75　字数：510 千字
印　　次：2009 年 1 月第 1 次印刷
定　　价：59.00 元

凡所购买电子工业出版社图书有缺损问题，请向购买书店调换。若书店售缺，请与本社发行部联系，联系及邮购电话：(010) 88254888。

质量投诉请发邮件至 zlts@phei.com.cn，盗版侵权举报请发邮件至 dbqq@phei.com.cn。

服务热线：(010) 88258888。

锐捷职业认证体系

锐捷职业认证是 IT 领域的一项网络专业技能认证，拥有锐捷职业认证资格的专业人士将具有专业的网络知识和网络技能，并且能为雇用他们的管理者、组织、企业带来巨大的价值和报酬。

锐捷认证体系包括通用技术认证和专项技术认证。通用技术认证包括网络工程方向及网络安全方向，专项技术认证包括 IPv6、存储、无线和 IP 通信方向。其中通用技术认证是目前国内外需求量最大，考取人数最多的认证。

一、锐捷职业认证体系概述

1. 通用技术认证

锐捷在通用技术认证中的网络工程方向提供了五个认证等级，它们所代表的专业水平逐级提升：网络管理员、网络工程师、调试工程师、资深网络工程师和互联网专家：

◆ 网络管理员（RCAM）：锐捷职业认证的第一步首先从网络管理员级别开始，其代表网络技术的入门等级，适用于网络技术的初学者。

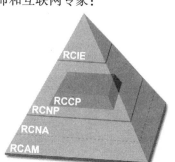

◆ 网络工程师（RCNA）：网络工程领域的初级资格认证，获得 RCNA 资格的人员可以搭建和维护 100 个节点以下的中小型网络。

◆ 调试工程师（RCCP）：网络工程领域的中级资格认证。获得 RCCP 资格的人员具备丰富的网络知识和实践操作技能，能够熟练地配置和调试多种网络设备。具有 RCCP 认证的工程师能够设计和构建超过 100 个节点的大中型园区网络。

◆ 资深网络工程师（RCNP）：网络工程领域的高级资格认证。获得 RCNP 认证的人员能够驾驭路由器、交换机、WLAN 等产品，熟练地对其各种功能和特性进行配置和调试，并在网络中部署高级的路由选择协议和各种安全特性、冗余机制、优化技术等。具有 RCNP 认证的工程师能够设计和构建超过 500 个节点的大中型园区网络。

◆ 互联网专家（RCIE）：网络工程领域的顶级认证。获得 RCIE 认证的人员作为网络技术领域的专家，不仅具有丰富的网络理论知识和实践操作技能，并能够对网络中出现的故障和疑难问题进行分析及排错。获得 RCIE 认证的人员将具备实施大型网络中所需要的各种技能。

2. 专项技术认证

锐捷职业认证还提供了多个专项技术认证，以考查相关人员在特定的技术领域方面具备的知识和技能。锐捷专项技术认证包括 IPv6、存储、无线和 IP 通信。通过四门专项认证课程的学习，学习者能够在 IPv6、存储、无线及 IP 通信技术领域具有专家级的知识和技能，并拥有驾驭相关产品的能力。

二、锐捷职业认证和途径

锐捷认证面向的是锐捷合作伙伴、经销商、网络技术专业人士以及对网络技术感兴趣的人群。要获得职业认证体系中的不同等级的认证，都需要通过一些必需的笔试、Lab 考试以及具备必要的必备资格。

1. 通用技术认证

认证	认 证 课 程	必需的考试	必备资格
RCAM	网络基础 Fundamental	Fundamental	—
RCNA	网络设备互连（IND） Interconnecting Networking Devices	IND Written IND Lab	—
RCCP	网络设备的调试与优化（DOND） Debugging and Optimizing Networking Devices	DOND Written DOND Lab	具有生效的 RCNA 证书
RCNP	构建高级的路由互联网络（BARI） Building Advanced Routing Internetworks	BARI Written BARI Lab	具有生效的 RCNA 或 RCCP 证书
	构建高级的交换网络（BASN） Building Advanced Switched Networks	BASN Written BASN Lab	
	构建优化的互联网络（BOI） Building Optimized Internetworks	BOI Written BOI Lab	
	网络服务架构的设计与实施（DINSA） Designing and Implementing Network Service Architectures	DINSA Written DINSA Lab	
RCIE	—	RCIE Written RCIE Lab	—

2. 专项技术认证

认　　证	认 证 课 程	必需的考试
IPv6 Specialist	部署 IPv6 网络 Deploying IPv6 Networks	IPv6 Written IPv6 Lab
Storage Specialist	构建存储网络 Building Storage Networks	Storage Written Storage Lab
WLAN Specialist	无线局域网的设计与实施 Designing and Implementing Wireless LAN	WLAN Written WLAN Lab
IP Communication Specialist	IP 通信技术 IP Communication Technology	IP Communication Written IP Communication Lab

注：对于锐捷专项技术认证，不需要考生预先具有任何认证证书，只需要通过相应的专项技术考试即可。

锐捷网络认证中心

前言

随着网络的普及和 Internet 的飞速发展，人们已经把更多的生活、娱乐和学习等事务转移到网络这个平台上去开展。企业会在 Internet 上开展各种业务，家人和朋友之间使用 Internet 进行跨越地域限制的交流和沟通，更多的人利用 Internet 开展学习与娱乐，可以说现代社会中的人们已经无法离开网络，无法离开 Internet。

从技术的角度来讲，网络中一个永恒不变的、核心的话题就是路由。路由技术已经随着网络的快速发展而经历了一代又一代的更新，例如从无类别路由发展到了有类别路由，从传统的距离矢量路由发展到基于链路状态的路由。对于一个网络来讲，路由就好像它的灵魂。路由协议是在任何一个网络中都需要部署的技术，它提供了网络的基本连接性并使网络中各节点之间可以相互通信。

本书由锐捷网络的资深技术专家李文宇、张选波、方洋、石林基于多年的网络工作经验以及对网络技术的深刻理解联合编写而成。在本书的编写过程中，还得到了锐捷网络的其他技术工程师、产品经理杨靖、谷会波、吴龚斌、张勇、程银光、孙含元等的大力支持。这些来自工程一线的工程师都拥有多年的丰富的工程实施经验，为本书的真实性和专业性给予了有力的支持。

本书目标

本书的目标是帮助读者备考 RCNP 认证中的 BARI 考试，以使读者顺利通过 BARI 考试。本书作为 BARI 课程的实验指导书籍，提供了大量的实验案例，并且在每个实验案例中首先针对目前的网络状况或背景进行分析，然后选择恰当的技术去解决这些问题，达到理论和实践相结合的目的。

BARI Lab 考试是需要考生在实际网络设备上进行配置操作的实验考试，本书中所涉及的内容不但包括了 BARI Lab 考试中所需要的所有实际操作技能，而且部分内容还超出了 BARI Lab 考试的大纲。所以，本书的目标不仅是为了帮助读者准备和通过 BARI 考试，而且还可以帮助读者进行技术上的积累，使其能够在实际的工作中恰当地运用这些技术，解决实际网络中遇到的各种问题。

本书读者

本书的读者对象可以为准备参加 BARI 考试的专业人士，以及希望学习如何在网络设备上配置各种路由协议及相关技术的人员。

对于阅读本书的读者，我们推荐其具有 RCNA 认证或具有与 RCNA 同等水平的网络知识，并且具备 BARI 课程的理论知识，以便更好地理解本书中所涉及的内容。

阅读方法

本书将所有内容分为了 6 个章节，每个章节都针对一种路由协议或技术提供了多个实验案例，读者可以选择逐页的阅读方式，也可以灵活地有选择地对某些章节进行阅读。

本书作为 BARI 考试的实验指南，以实践配置为主。读者在学习本书的内容并准备参加 BARI 考试时，推荐结合 BARI 课程的学习指南，以达到理论和实践的融合，这样将使读者在 BARI 的笔试和 Lab 考试中取得更优异的成绩，从而顺利地通过 BARI 考试。

本书结构

本书总共分为 6 个章节为各种路由协议和相关技术提供了实验案例。本书没有对 BARI 课程中相关技术的理论知识进行阐述，这些内容可以在 BARI 学习指南中找到。本书的具体结构如下：

第一章　RIP 路由协议实验：本章提供了 RIP 路由协议的实验案例，包括配置 RIP 汇总、配置 RIP 定时器、配置 RIP 偏移列表等。

第二章　OSPF 路由协议实验：本章提供了 OSPF 路由协议的实验案例，包括 OSPF 单区域配置、OSPF 多区域配置、OSPF 路由汇总配置、OSPF Stub 区域配置等。

第三章　IS－IS 路由协议实验：本章提供了 IS－IS 路由协议的实验案例，包括 IS－IS 单区域配置、IS－IS 多区域配置、IS－IS 路由汇总配置、IS－IS 路由泄露配置等。

第四章　基于策略的路由选择实验：本章提供了策略路由的实验案例，包括配置根据源地址的策略路由、配置根据目标地址的策略路由、配置根据数据包大小的策略路由。

第五章　路由选择控制与路由重发布实验：本章提供了路由控制与路由重发布的实验案例，包括配置被动接口、使用分发列表过滤路由、调整路由的 AD 值、配置 RIP 与 OSPF 重发布等。

第六章　BGP 路由协议实验：本章提供了 BGP 路由协议的实验案例，包括 BGP 基本配置、配置更新源地址和下一跳、配置本地优先级、配置 MED 属性值等。

本书使用的图标

以下为本书中所使用的图标示例：

接入交换机　　固化汇聚　　模块化汇聚　　核心交换机　　二层堆栈交换机　　三层堆栈交换机
　　　　　　　交换机　　　交换机

中低端路由器　　高端路由器　　Voice多业务　　SOHO多业务　　IPv6多业务　　服务器
　　　　　　　　　　　　　　路由器　　　　路由器　　　　路由器

单路AP　　双路AP　　无线网卡1　　无线网卡2　　无线网桥　　无线交换机

带无线网卡的　　室外天线　　台式机　　笔记本电脑　　SAM服务器　　认证客户端
笔记本电脑

黑客1　　黑客2　　黑客3　　打印机　　电话　　IP电话

磁带库　　磁盘阵列　　防火墙　　VPN网关　　IDS入侵检　　IPS入侵保
　　　　　　　　　　　　　　　　　　　　测系统　　　护系统

目 录

第一章　RIP 路由协议实验

实验 1　配置 RIP 版本、汇总、定时器及验证

【实验名称】

配置 RIP 版本、汇总、定时器及验证。

【实验目的】

通过本实验更深入地了解 RIP 路由协议。

【背景描述】

某公司网络利用 RIPv2 实现路由器之间的路由信息交换，但是为了减少路由器查找路由表的时间，希望减小路由表的规模。同时，出于安全性的考虑，希望路由信息交换都是在可信任的路由器之间进行。最后，公司希望能提高路由器之间定时更新的速度，以加快路由收敛。

【需求分析】

为了减少路由表条目，可以通过路由汇总来实现。

出于安全性的考虑，希望路由器之间的路由信息交换是在可信任的路由器之间进行的，可以通过在本公司路由器上配置认证实现。

希望加快路由器之间的定时更新速度，可以通过调整 RIP 定时器来实现。

【实验拓扑】

拓扑图如图 1-1 所示。

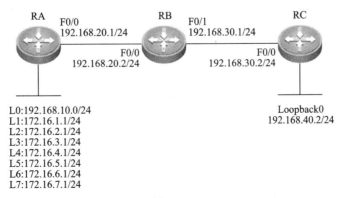

图 1-1

【实验设备】

路由器 3 台

【预备知识】

路由器基本配置知识、IP 路由知识、RIP 工作原理。

【实验原理】

路由汇总可以减少路由器通告路由条目的数量，并减小路由表规模。

通过适当地调整定时器可以改变 RIP 的更新及收敛速度。

路由验证可以增强路由选择信息交换的安全性。使用了路由验证后，路由器只会接收具有合法密钥的路由器所通告的路由信息。

【实验步骤】

第一步：在路由器上配置接口 IP 地址

```
RA#configure terminal
RA(config)#interface FastEthernet 0/0
RA(config-if)#ip address 192.168.20.1 255.255.255.0
RA(config-if)#exit
RA(config)#interface Loopback 0
RA(config-if)#ip address 192.168.10.1 255.255.255.0
RA(config-if)#exit
RA(config)#interface Loopback 1
RA(config-if)#ip address 172.16.1.1 255.255.255.0
RA(config-if)#exit
RA(config)#interface Loopback 2
RA(config-if)#ip address 172.16.2.1 255.255.255.0
RA(config-if)#exit
RA(config)#interface Loopback 3
RA(config-if)#ip address 172.16.3.1 255.255.255.0
RA(config-if)#exit
RA(config)#interface Loopback 4
RA(config-if)#ip address 172.16.4.1 255.255.255.0
RA(config-if)#exit
RA(config)#interface Loopback 5
RA(config-if)#ip address 172.16.5.1 255.255.255.0
RA(config-if)#exit
RA(config)#interface Loopback 6
RA(config-if)#ip address 172.16.6.1 255.255.255.0
RA(config-if)#exit
RA(config)#interface Loopback 7
RA(config-if)#ip address 172.16.7.1 255.255.255.0
RA(config-if)#exit
```

RB#configure terminal

RB(config)#interface FastEthernet 0/0

RB(config-if)#ip address 192.168.20.2 255.255.255.0

RB(config-if)#exit

RB(config)#interface FastEthernet 0/1

RB(config-if)#ip address 192.168.30.1 255.255.255.0

RB(config-if)#exit

RC#configure terminal

RC(config)#interface FastEthernet 0/0

RC(config-if)#ip address 192.168.30.2 255.255.255.0

RC(config-if)#exit

RC(config)#interface Loopback 0

RC(config-if)#ip address 192.168.40.2 255.255.255.0

RC(config-if)#exit

第二步：配置 RIP 版本

RA(config)#router rip

RA(config-router)#version 2

! 配置 RIP 的协议版本为 2

RA(config-router)#network 172.16.0.0

RA(config-router)#network 192.168.10.0

RA(config-router)#network 192.168.20.0

RA(config-router)#no auto-summary

! 关闭自动路由汇总

RB(config)#router rip

RB(config-router)#version 2

RB(config-router)#network 192.168.20.0

RB(config-router)#network 192.168.30.0

RB(config-router)#no auto-summary

RC(config)#router rip

RC(config-router)#version 2

RC(config-router)#network 192.168.30.0

RC(config-router)#network 192.168.40.0

RC(config-router)#no auto-summary

第三步：验证配置

在 RB 上使用命令 show ip route 查看 RB 的路由表信息如下：

RB#show ip route

Codes：C – connected，S – static，R – RIP B – BGP

       O – OSPF，IA – OSPF inter area

N1 – OSPF NSSA external type 1 , N2 – OSPF NSSA external type 2

E1 – OSPF external type 1 , E2 – OSPF external type 2

i – IS – IS , L1 – IS – IS level – 1 , L2 – IS – IS level – 2 , ia – IS – IS inter area

∗ – candidate default

Gateway of last resort is no set

R　　172. 16. 1. 0/24〔120/1〕via 192. 168. 20. 1 , 00 : 00 : 17 , FastEthernet 0/0

R　　172. 16. 2. 0/24〔120/1〕via 192. 168. 20. 1 , 00 : 00 : 17 , FastEthernet 0/0

R　　172. 16. 3. 0/24〔120/1〕via 192. 168. 20. 1 , 00 : 00 : 17 , FastEthernet 0/0

R　　172. 16. 4. 0/24〔120/1〕via 192. 168. 20. 1 , 00 : 00 : 17 , FastEthernet 0/0

R　　172. 16. 5. 0/24〔120/1〕via 192. 168. 20. 1 , 00 : 00 : 17 , FastEthernet 0/0

R　　172. 16. 6. 0/24〔120/1〕via 192. 168. 20. 1 , 00 : 00 : 17 , FastEthernet 0/0

R　　172. 16. 7. 0/24〔120/1〕via 192. 168. 20. 1 , 00 : 00 : 17 , FastEthernet 0/0

R　　192. 168. 10. 0/24〔120/1〕via 192. 168. 20. 1 , 00 : 00 : 17 , FastEthernet 0/0

C　　192. 168. 20. 0/24 is directly connected , FastEthernet 0/0

C　　192. 168. 20. 2/32 is local host.

C　　192. 168. 30. 0/24 is directly connected , FastEthernet 0/1

C　　192. 168. 30. 1/32 is local host.

R　　192. 168. 40. 0/24〔120/1〕via 192. 168. 30. 2 , 00 : 00 : 06 , FastEthernet 0/1

从 show 命令显示信息可以看到，在 RB 上学习到网络中所有的网段信息。

第四步：配置 RIP 手动汇总

RA(config)#interface FastEthernet 0/0

RA(config-if)#ip summary-address rip 172. 16. 0. 0 255. 255. 248. 0

第五步：验证 RIP 手动汇总

在 RB 上使用命令 show ip route 查看 RB 路由信息

RB#show ip route

Codes：　C – connected , S – static , 　R – RIP B – BGP

O – OSPF , IA – OSPF inter area

N1 – OSPF NSSA external type 1 , N2 – OSPF NSSA external type 2

E1 – OSPF external type 1 , E2 – OSPF external type 2

i – IS – IS , L1 – IS – IS level – 1 , L2 – IS – IS level – 2 , ia – IS – IS inter area

∗ – candidate default

Gateway of last resort is no set

R　　172. 16. 0. 0/21〔120/1〕via 192. 168. 20. 1 , 00 : 00 : 00 , FastEthernet 0/0

R　　192. 168. 10. 0/24〔120/1〕via 192. 168. 20. 1 , 00 : 00 : 00 , FastEthernet 0/0

C　　192. 168. 20. 0/24 is directly connected , FastEthernet 0/0

C　　192. 168. 20. 2/32 is local host.

C　　192. 168. 30. 0/24 is directly connected , FastEthernet 0/1

C　　192. 168. 30. 1/32 is local host.

R　　　192. 168. 40. 0/24［120/1］via 192. 168. 30. 2，00：00：06，FastEthernet 0/1

从 show 命令显示信息可以看到，经过手动汇总后，172. 16. 0. 0 网段的子网在路由表中以汇总的方式显示。

第六步：配置定时器

　　　RA（config）#router rip

　　　RA（config-router）#timers basic 20 120 80

　　　! 修改 RIP 的更新定时器、失效定时器和刷新定时器的默认值

　　　RB（config）#router rip

　　　RB（config-router）#timers basic 20 120 80

　　　RC（config）#router rip

　　　RC（config-router）#timers basic 20 120 80

第七步：验证 RIP 定时器配置

使用 show ip rip 命令测试定时器配置

　　　RB#show ip rip

　　　Routing Protocol is"rip"

　　　Sending updates every 20 seconds，next due in 12 seconds! 更新周期为20s

　　　Invalid after 120 seconds，flushed after 80 seconds

　　　Outgoing update filter list for all interface is：not set

　　　Incoming update filter list for all interface is：not set

　　　Default redistribution metric is 1

　　　Redistributing：

　　　Default version control：send version 2，receive version 2

Interface	Send	Recv	Key-chain
FastEthernet 0/0	2	2	www
FastEthernet 0/1	2	2	www

　　　Routing for Networks：

　　　　192. 168. 20. 0

　　　　192. 168. 30. 0

　　　Distance：（default is 120）

从上面 show 命令的输出结果可以看到，调整后的定时器时间分别是，更新周期为20s，路由失效定时器时间为120s，刷新定时器时间为80s。

第八步：配置 RIP 验证

　　　RA（config）#key chain www

　　　! 配置密钥链

　　　RA（config-keychain）#key 1

　　　! 配置密钥 ID

RA（config-keychain-key）#key-string 123

！配置密钥值

RA（config）#interface FastEthernet 0/0

RA（config-if）#ip rip authentication mode md5

！配置验证方式为 MD5

RA（config-if）#ip rip authentication key-chain www

RB（config）#key chain www

RB（config-keychain）#key 1

RB（config-keychain-key）#key-string 123

RB（config）#interface FastEthernet 0/0

RB（config-if）#ip rip authentication mode md5

RB（config-if）#ip rip authentication key-chain www

RB（config）#interface FastEthernet 0/1

RB（config-if）#ip rip authentication mode md5

RB（config-if）#ip rip authentication key-chain www

RC（config）#key chain www

RC（config-keychain）#key 1

RC（config-keychain-key）#key-string 123

RC（config）#interface FastEthernet 0/0

RC（config-if）#ip rip authentication mode md5

RC（config-if）#ip rip authentication key-chain www

第九步：测试 RIP 验证配置

用 show ip rip 验证版本配置

RB#show ip rip

Routing Protocol is "rip"

　　Sending updates every 20 seconds，next due in 7 seconds

　　Invalid after 90 seconds，flushed after 160 seconds

　　Outgoing update filter list for all interface is：not set

　　Incoming update filter list for all interface is：not set

　　Default redistribution metric is 1

　　Redistributing：

　　Default version control：send version 2，receive version 2

Interface	Send	Recv	Key-chain
FastEthernet 0/0	2	2	www
FastEthernet 0/1	2	2	www

　　Routing for Networks：

　　　192. 168. 20. 0

　　　192. 168. 30. 0

　　Distance：（default is 120）

从 show 命令输出结果可以看到，在 RB 上配置了名为 www 的 key-chain。

```
RB#debug ip rip
Nov  3 21:33:37 RB %7:[RIP]RIP recveived packet,sock = 2125 src = 192. 168. 20. 1 len = 84
Nov  3 21:33:37 RB %7:[RIP]Cancel peer remove timer
Nov  3 21:33:37 RB %7:[RIP]Peer remove timer shedule. . .
Nov  3 21:33:37 RB %7:[RIP]:received packet with MD5 authentication
Nov  3 21:33:37 RB %7:[RIP]Ours need md5 authen
Nov  3 21:33:37 RB %7:[RIP]MD5 Auth success
```

从 debug 输出结果可以看到，在路由更新中，和 RA 在路由更新中，成功地完成了 MD5 认证。

【注意事项】

- 在配置 RIP 定时器时，需要在所有路由器上进行相同的配置。
- 使用验证时，要保证所有路由都使用相同的密钥。

【参考配置】

```
RA#show running-config

Building configuration. . .
Current configuration:1348 bytes

!
hostname RA
!
key chain www
 key 1
   key-string 123
!
enable secret 5  $ 1 $ db44 $ 8x67vy78Dz5pq1xD
!
interface FastEthernet 0/0
 ip rip authentication mode md5
 ip rip authentication key-chain www
 ip summary-address rip 172. 16. 0. 0 255. 255. 248. 0
 ip address 192. 168. 20. 1 255. 255. 255. 0
 duplex auto
 speed auto
!
interface FastEthernet 0/1
 duplex auto
 speed auto
!
```

```
interface Loopback 0
 ip address 192. 168. 10. 1 255. 255. 255. 0
!
interface Loopback 1
 ip address 172. 16. 1. 1 255. 255. 255. 0
!
interface Loopback 2
 ip address 172. 16. 2. 1 255. 255. 255. 0
!
interface Loopback 3
 ip address 172. 16. 3. 1 255. 255. 255. 0
!
interface Loopback 4
 ip address 172. 16. 4. 1 255. 255. 255. 0
!
interface Loopback 5
 ip address 172. 16. 5. 1 255. 255. 255. 0
!
interface Loopback 6
 ip address 172. 16. 6. 1 255. 255. 255. 0
!
interface Loopback 7
 ip address 172. 16. 7. 1 255. 255. 255. 0
!
router rip
 version 2
 network 172. 16. 0. 0
 network 192. 168. 10. 0
 network 192. 168. 20. 0
 no auto-summary
 timers basic 20 120 80
!
line con 0
line aux 0
line vty 0 4
 login
!
end


RB#show running-config

Building configuration. . .
Current configuration：812 bytes

!
```

```
hostname RB
!
key chain www
 key 1
   key-string 123
!
enable secret 5 $1$db44$8x67vy78Dz5pq1xD
!
interface FastEthernet 0/0
 ip rip authentication mode md5
 ip rip authentication key-chain www
 ip address 192. 168. 20. 2 255. 255. 255. 0
 duplex auto
 speed auto
!
interface FastEthernet 0/1
 ip rip authentication mode md5
 ip rip authentication key-chain www
 ip address 192. 168. 30. 1 255. 255. 255. 0
 duplex auto
 speed auto
!
router rip
 version 2
 network 192. 168. 20. 0
 network 192. 168. 30. 0
 no auto-summary
 timers basic 20 120 80
!
line con 0
line aux 0
line vty 0 4
 login
!
end


RC#show running-config

Building configuration. . .
Current configuration:818 bytes


!
hostname RC
!
key chain www
```

```
        key 1
          key-string 123
        !
        enable secret 5  $ 1 $ db44 $ 8x67vy78Dz5pq1xD
        !
        interface FastEthernet 0/0
         ip rip authentication mode md5
         ip rip authentication key-chain www
         ip address 192. 168. 30. 2 255. 255. 255. 0
         duplex auto
         speed auto
        !
        interface FastEthernet 0/1
         duplex auto
         speed auto
        !
        interface Loopback 0
         ip address 192. 168. 40. 2 255. 255. 255. 0
        !
        router rip
         version 2
         network 192. 168. 30. 0
         network 192. 168. 40. 0
         timers basic 20 120 80
        !
        line con 0
        line aux 0
        line vty 0 4
         login
        !
        end
```

实验 2　配置 RIP 偏移列表

【实验名称】

配置 RIP 偏移列表。

【实验目的】

通过配置 RIP 偏移列表深入了解 RIP 路由协议，并使用偏移来实现简单的策略路由。

【背景描述】

某公司网络拓扑如下图所示，网络中运行 RIP 路由协议，为了提高网络的稳定性，路由器

RD 和 RA 之间有两条链路连接,管理员计划将其中一条经由路由器 RC 的路径设置为备份链路,在主链路正常时不使用备份链路传输数据。

【需求分析】

要设置经由路由器 RC 的路径为备份链路,可以通过配置偏移列表,使路由器 RA 给路由器 RC 发送路由信息时,将其开销增加 5。

【实验拓扑】

拓扑图如图 1 - 2 所示。

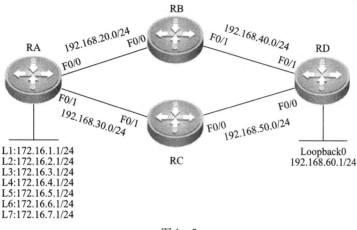

图 1 - 2

【实验设备】

路由器 3 台

【预备知识】

路由器基本配置知识、IP 路由知识、RIP 工作原理。

【实验原理】

RIP 可以通过设置偏移列表对进入和外出的路由更新条目增加其度量值,从而达到设置简单的路由策略的目的。

【实验步骤】

第一步:在路由器上配置 IP 路由选择和 IP 地址

```
RA#configure terminal
RA(config)#interface FastEthernet 0/0
RA(config-if)#ip address 192.168.20.1 255.255.255.0
RA(config-if)#exit
RA(config)#interface FastEthernet 0/1
RA(config-if)#ip address 192.168.30.1 255.255.255.0
RA(config-if)#exit
```

RA（config）#interface Loopback 1
RA（config-if）#ip address 172. 16. 1. 1 255. 255. 255. 0
RA（config-if）#exit
RA（config）#interface Loopback 2
RA（config-if）#ip address 172. 16. 2. 1 255. 255. 255. 0
RA（config-if）#exit
RA（config）#interface Loopback 3
RA（config-if）#ip address 172. 16. 3. 1 255. 255. 255. 0
RA（config-if）#exit
RA（config）#interface Loopback 4
RA（config-if）#ip address 172. 16. 4. 1 255. 255. 255. 0
RA（config）#interface Loopback 5
RA（config-if）#ip address 172. 16. 5. 1 255. 255. 255. 0
RA（config-if）#exit
RA（config）#interface Loopback 6
RA（config-if）#ip address 172. 16. 6. 1 255. 255. 255. 0
RA（config-if）#exit
RA（config）#interface Loopback 7
RA（config-if）#ip address 172. 16. 7. 1 255. 255. 255. 0
RA（config-if）#exit

RB#configure terminal
RB（config）#interface FastEthernet 0/0
RB（config-if）#ip address 192. 168. 20. 2 255. 255. 255. 0
RB（config-if）#exit
RB（config）#interface FastEthernet 0/1
RB（config-if）#ip address 192. 168. 30. 1 255. 255. 255. 0
RB（config-if）#exit

RC#configure terminal
RC（config）#interface FastEthernet 0/0
RC（config-if）#ip address 192. 168. 50. 1 255. 255. 255. 0
RC（config-if）#exit
RC（config）#interface FastEthernet 0/1
RC（config-if）#ip address 192. 168. 30. 2 255. 255. 255. 0
RC（config-if）#exit

RD#configure terminal
RD（config）#interface FastEthernet 0/0
RD（config-if）#ip address 192. 168. 50. 2 255. 255. 255. 0
RD（config-if）#exit
RD（config）#interface FastEthernet 0/1
RD（config-if）#ip address 192. 168. 40. 2 255. 255. 255. 0
RD（config-if）#exit
RD（config）#interface Loopback 0

RD(config-if)#ip address 192. 168. 60. 1 255. 255. 255. 0

RD(config-if)#exit

第二步：配置 RIP 版本

RA(config)#router rip

RA(config-router)#version 2

RA(config-router)#network 172. 16. 0. 0

RA(config-router)#network 192. 168. 10. 0

RA(config-router)#network 192. 168. 20. 0

RA(config-router)#network 192. 160. 20. 0

RA(config-router)#network 192. 168. 30. 0

RA(config-router)#no auto-summary

RB(config)#router rip

RB(config-router)#version 2

RB(config-router)#network 192. 168. 20. 0

RB(config-router)#network 192. 168. 40. 0

RB(config-router)#no auto-summary

RC(config)#router rip

RC(config-router)#version 2

RC(config-router)#network 192. 168. 30. 0

RC(config-router)#network 192. 168. 50. 0

RC(config-roufer)#no auto-summary

RD(config)#router rip

RD(config-router)#version 2

RD(config-router)#network 192. 168. 40. 0

RD(config-router)#network 192. 168. 50. 0

RD(config-router)#network 192. 168. 60. 0

RC(config-router)#no auto-summary

第三步：配置汇总

RA(config)#interface FastEthernet 0/0

RA(config-if)#ip summary-address rip 172. 16. 0. 0 255. 255. 248. 0

第四步：配置偏移列表

RA(config)#access-list 11 permit 172. 16. 0. 0 0. 7. 255. 255

RA(config)#router rip

RA(config-router)#offset-list 11 out 5 FastEthernet 0/0

！设置路由器 RA 在从 F0/1 接口发送 172. 16. 0. 0/21 的路由更新信息时,将其开销增加 5。

第五步：验证测试

用 show ip route 验证偏移列表配置

RD#show ip route

Codes：C – connected，S – static，R – RIP B – BGP
   O – OSPF，IA – OSPF inter area
   N1 – OSPF NSSA external type 1，N2 – OSPF NSSA external type 2
   E1 – OSPF external type 1，E2 – OSPF external type 2
   i – IS – IS，L1 – IS – IS level – 1，L2 – IS – IS level – 2，ia – IS – IS inter area
   ∗ – candidate default

Gateway of last resort is no set
R 172. 16. 0. 0/21［120/3］via 192. 168. 40. 1，00：00：18，FastEthernet 0/1
R 192. 168. 20. 0/24［120/1］via 192. 168. 40. 1，00：00：18，FastEthernet 0/1
R 192. 168. 30. 0/24［120/1］via 192. 168. 50. 1，00：00：20，FastEthernet 0/0
C 192. 168. 40. 0/24 is directly connected，FastEthernet 0/1
C 192. 168. 40. 2/32 is local host.
C 192. 168. 50. 0/24 is directly connected，FastEthernet 0/0
C 192. 168. 50. 2/32 is local host.
C 192. 168. 60. 0/24 is directly connected，Loopback 0
C 192. 168. 60. 1/32 is local host.

  从 show 命令输出结果可以看到，RD 到达 172. 16. 0. 0/21 网段的路径是经过路由器 RB，经过路由器 RC 的路径作为备份路径。

【参考配置】

RA#show running-config

Building configuration. . .
Current configuration：1227 bytes

!
 ip access-list standard 11
 10 permit 172. 16. 0. 0 0. 7. 255. 255
!
interface FastEthernet 0/0
 ip summary-address rip 172. 16. 0. 0 255. 255. 248. 0
 ip address 192. 168. 20. 1 255. 255. 255. 0
 duplex auto
 speed auto
!
interface FastEthernet 0/1
 ip summary-address rip 172. 16. 0. 0 255. 255. 248. 0
 ip address 192. 168. 30. 1 255. 255. 255. 0
 duplex auto
 speed auto

```
!
interface Loopback 1
 ip address 172. 16. 1. 1 255. 255. 255. 0
!
interface Loopback 2
 ip address 172. 16. 2. 1 255. 255. 255. 0
!
interface Loopback 3
 ip address 172. 16. 3. 1 255. 255. 255. 0
!
interface Loopback 4
 ip address 172. 16. 4. 1 255. 255. 255. 0
!
interface Loopback 5
 ip address 172. 16. 5. 1 255. 255. 255. 0
!
interface Loopback 6
 ip address 172. 16. 6. 1 255. 255. 255. 0
!
interface Loopback 7
 ip address 172. 16. 7. 1 255. 255. 255. 0
!
router rip
 version 2
 network 172. 16. 0. 0
 network 192. 168. 20. 0
 network 192. 168. 30. 0
 no auto-summary
 offset-list 11 out 5 FastEthernet 0/1
!
!
line con 0
line aux 0
line vty 0 4
 login
!
!
!
end


RB#show running-config

Building configuration. . .
Current configuration:555 bytes
```

```
!
!
interface FastEthernet 0/0
  ip address 192. 168. 20. 2 255. 255. 255. 0
  duplex auto
  speed auto
!
interface FastEthernet 0/1
  ip address 192. 168. 40. 1 255. 255. 255. 0
  duplex auto
  speed auto
!
!
router rip
  version 2
  network 192. 168. 20. 0
  network 192. 168. 40. 0
  no auto-summary
!
!
line con 0
line aux 0
line vty 0 4
  login
!
!
end

RC#show running-config

Building configuration. . .
Current configuration：555 bytes

!
!
interface FastEthernet 0/0
  ip address 192. 168. 50. 1 255. 255. 255. 0
  duplex auto
  speed auto
!
interface FastEthernet 0/1
  ip address 192. 168. 30. 2 255. 255. 255. 0
  duplex auto
  speed auto
!
```

```
!
router rip
 version 2
 network 192. 168. 30. 0
 network 192. 168. 50. 0
 no auto-summary
!
!
line con 0
line aux 0
line vty 0 4
 login
!
!
!
end
```

第二章 OSPF 路由协议实验

实验 1 配置单区域 OSPF

【实验名称】

配置 OSPF 单区域。

【实验目的】

使用单区域 OSPF 实现简单的 OSPF 网络。

【背景描述】

某公司网络由三台路由器组成，为了实现路由的快速收敛，管理员计划在网络中使用链路状态路由协议实现路由信息交换。

【需求分析】

为了实现路由的快速收敛可以使用 OSPF 路由协议。同时，由于公司网络属于中小型网络，因此可以将网络中的路由器配置在单个区域中。

【实验拓扑】

拓扑图如图 2 - 1 所示。

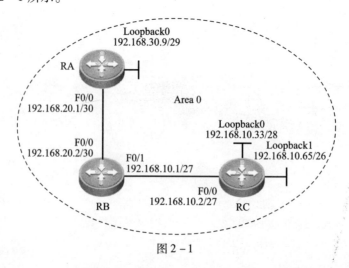

图 2 - 1

【实验设备】

路由器 3 台

【预备知识】

路由器基本配置知识、OSPF 工作原理

【实验原理】

将网络中的路由器配置在同一 OSPF 区域中后，路由器之间通过 OSPF 报文在单区域中完成路由信息的交换与同步。

【实验步骤】

第一步：在路由器上配置 IP 地址

```
RA#configure terminal
RA(config)#interface FastEthernet 0/0
RA(config-if)#ip address 192. 168. 20. 1 255. 255. 255. 252
RA(config-if)#exit
RA(config)#interface Loopback 0
RA(config-if)#ip address 192. 168. 10. 9 255. 255. 255. 248


RB#configure terminal
RB(config)#interface FastEthernet 0/0
RB(config-if)#ip address 192. 168. 20. 2 255. 255. 255. 252
RB(config-if)#eixt
RB(config)#interface FastEthernet 0/1
RB(config-if)#ip address 192. 168. 10. 1 255. 255. 255. 224
RB(config-if)#exit


RC#configure terminal
RC(config)#interface FastEthernet 0/0
RC(config-if)#ip address 192. 168. 10. 2 255. 255. 255. 224
RC(config-if)#exit
RC(config)#interface Loopback 0
RC(config-if)#ip address 192. 168. 10. 33 255. 255. 255. 240
RC(config-if)#exit
RC(config)#interface Loopback 1
RC(config-if)#ip address 192. 168. 10. 65 255. 255. 255. 192
```

第二步：配置 OSPF

```
RA(config)#router ospf 10
RA(config-router)#network 192. 168. 10. 8 0. 0. 0. 7 area 0
RA(config-router)#network 192. 168. 20. 0 0. 0. 0. 3 area 0
```

```
RB(config)#router ospf 10
RB(config-router)#network 192.168.10.0 0.0.0.31 area 0
RB(config-router)#network 192.168.20.0 0.0.0.3 area 0

RC(config)#router ospf 10
RC(config-router)#network 192.168.10.0 0.0.0.31 area 0
RC(config-router)#network 192.168.10.32 0.0.0.15 area 0
RC(config-router)#network 192.168.10.64 0.0.0.63 area 0
```

第三步：验证测试

使用 show ip ospf neighbor 验证 OSPF 邻居关系：

```
RA#show ip ospf neighbor

OSPF process 10：
Neighbor ID      Pri    State      Dead Time    Address          Interface
192.168.20.2     1      Full/DR    00:00:39     192.168.20.2     FastEthernet 0/0
```

从显示信息中可以看出，RA 与 RB 建立了 FULL 的邻接关系。

```
RB#show ip ospf neighbor

OSPF process 10：
Neighbor ID      Pri    State       Dead Time    Address          Interface
192.168.10.65           Full/DR     00:00:30     192.168.10.2     FastEthernet 0/1
192.168.10.9     1      Full/BDR    00:00:38     192.168.20.1     FastEthernet 0/0
```

从显示信息中可以看出，RB 与 RA 和 RC 建立了 FULL 的邻接关系。

```
RC#show ip ospf neighbor

OSPF process 10：
Neighbor ID      Pri    State      Dead Time    Address          Interface
192.168.20.2     1      Full/DR    00:00:39     192.168.10.1     FastEthernet 0/0
```

从显示信息中可以看出，RC 与 RB 建立了 FULL 的邻接关系。

第四步：验证测试

使用 show ip route 命令验证 OSPF 路由：

```
RA#show ip route

Codes：C – connected，S – static，R – RIP  B – BGP
```

O – OSPF,IA – OSPF inter area

N1 – OSPF NSSA external type 1,N2 – OSPF NSSA external type 2

E1 – OSPF external type 1,E2 – OSPF external type 2

i – IS – IS,L1 – IS – IS level – 1,L2 – IS – IS level – 2,ia – IS – IS inter area

* – candidate default

Gateway of last resort is no set

O　192. 168. 10. 0/27〔110/2〕via 192. 168. 20. 2,00:01:32,FastEthernet 0/0

C　192. 168. 10. 8/29 is directly connected,Loopback 0

C　192. 168. 10. 9/32 is local host.

O　192. 168. 10. 33/32〔110/2〕via 192. 168. 20. 2,00:01:32,FastEthernet 0/0

O　192. 168. 10. 65/32〔110/2〕via 192. 168. 20. 2,00:01:32,FastEthernet 0/0

C　192. 168. 20. 0/30 is directly connected,FastEthernet 0/0

C　192. 168. 20. 1/32 is local host.

从 RA 的路由表可以看出，RA 通过 OSPF 学习到了路由信息。

RB#show ip route

Codes:C – connected,S – static,R – RIP B – BGP

O – OSPF,IA – OSPF inter area

N1 – OSPF NSSA external type 1,N2 – OSPF NSSA external type 2

E1 – OSPF external type 1,E2 – OSPF external type 2

i – IS – IS,L1 – IS – IS level – 1,L2 – IS – IS level – 2,ia – IS – IS inter area

* – candidate default

Gateway of last resort is no set

C　192. 168. 10. 0/27 is directly connected,FastEthernet 0/1

C　192. 168. 10. 1/32 is local host.

O　192. 168. 10. 9/32〔110/1〕via 192. 168. 20. 1,00:02:39,FastEthernet 0/0

O　192. 168. 10. 33/32〔110/1〕via 192. 168. 10. 2,00:02:39,FastEthernet 0/1

O　192. 168. 10. 65/32〔110/1〕via 192. 168. 10. 2,00:02:39,FastEthernet 0/1

C　192. 168. 20. 0/30 is directly connected,FastEthernet 0/0

C　192. 168. 20. 2/32 is local host.

从 RB 的路由表可以看出,RB 通过 OSPF 学习到了路由信息。

RC#show ip route

Codes:C – connected,S – static,R – RIP B – BGP

O – OSPF,IA – OSPF inter area

N1 – OSPF NSSA external type 1,N2 – OSPF NSSA external type 2

E1 – OSPF external type 1,E2 – OSPF external type 2

i – IS – IS,L1 – IS – IS level – 1,L2 – IS – IS level – 2,ia – IS – IS inter area

* – candidate default

Gateway of last resort is no set

C　192.168.10.0/27 is directly connected,FastEthernet 0/0

C　192.168.10.2/32 is local host.

O　192.168.10.9/32〔110/2〕via 192.168.10.1,00:02:39,FastEthernet 0/0

C　192.168.10.32/28 is directly connected,Loopback 0

C　192.168.10.33/32 is local host.

C　192.168.10.64/26 is directly connected,Loopback 1

C　192.168.10.65/32 is local host.

O　192.168.20.0/30〔110/2〕via 192.168.10.1,00:03:28,FastEthernet 0/0

从 RC 的路由表可以看出，RC 通过 OSPF 学习到了路由信息。

【注意事项】

- 由于本实验中使用了 VLSM 进行了子网划分，所以在配置 OSPF 通告相应网络时要确保反向子网掩码的配置正确。
- 在锐捷路由器中，OSPF 使用 32 位的掩码通告 Loopback 接口的路由，即将 Loopback 接口的地址通告为主机路由。

【参考配置】

RA#show running-config

Building configuration...
Current configuration:631 bytes

!
hostname RA
!
enable secret 5 ＄1＄db44＄8x67vy78Dz5pq1xD
!
interface FastEthernet 0/0
　ip address 192.168.20.1 255.255.255.252
　duplex auto
　speed auto
!
interface FastEthernet 0/1
　duplex auto
　speed auto
!
interface Loopback 0
　ip address 192.168.10.9 255.255.255.248
!
router ospf 10
　network 192.168.10.8 0.0.0.7 area 0

    network 192. 168. 20. 0 0. 0. 0. 3 area 0
!
line con 0
line aux 0
line vty 0 4
 login
!
End

RB#show running-config

Building configuration. . .
Current configuration:607 bytes

!
hostname RB
!
enable secret 5 1 db44 $8x67vy78Dz5pq1xD
!
interface FastEthernet 0/0
 ip address 192. 168. 20. 2 255. 255. 255. 252
 duplex auto
 speed auto
!
interface FastEthernet 0/1
 ip address 192. 168. 10. 1 255. 255. 255. 224
 duplex auto
 speed auto
!
router ospf 10
 network 192. 168. 10. 0 0. 0. 0. 31 area 0
 network 192. 168. 20. 0 0. 0. 0. 3 area 0
!
line con 0
line aux 0
line vty 0 4
 login
!
End

RC#show running-config

Building configuration. . .
Current configuration:743 bytes

```
!
hostname RC
!
!
enable secret 5  $ 1 $ db44 $ 8x67vy78Dz5pq1xD
!
interface FastEthernet 0/0
 ip address 192. 168. 10. 2 255. 255. 255. 224
 duplex auto
 speed auto
!
interface FastEthernet 0/1
 duplex auto
 speed auto
!
interface Loopback 0
 ip address 192. 168. 10. 33 255. 255. 255. 240
!
interface Loopback 1
 ip address 192. 168. 10. 65 255. 255. 255. 192
!
router ospf 10
 network 192. 168. 10. 0 0. 0. 0. 31 area 0
 network 192. 168. 10. 32 0. 0. 0. 15 area 0
 network 192. 168. 10. 64 0. 0. 0. 63 area 0
!
line con 0
line aux 0
line vty 0 4
 login
!
end
```

实验 2　配置多区域 OSPF

【实验名称】

配置多区域 OSPF。

【实验目的】

便用多区域 OSPF 实现层次化的 OSPF 网络。

【背景描述】

某公司总部在北京，天津分公司网络通过路由器 RA 接入到总部网络中，石家庄分公司网络通过路由器 RB 接入到总部网络中。由于公司网络较大，为了提高路由收敛速度，网络管理员计划采用链路状态路由协议实现路由选择。

【需求分析】

在大中型的网络中，为了实现路由的快速收敛可以采用 OSPF，并将路由器配置在不同的区域中，实现层次化的网络结构。

【实验拓扑】

拓扑如图 2 – 2 所示。

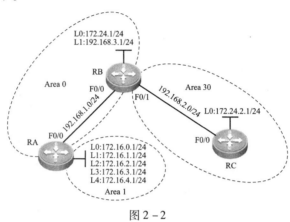

图 2 – 2

【实验设备】

路由器 3 台

【预备知识】

路由器基本配置知识、OSPF 工作原理

【实验原理】

当使用多区域的 OSPF 拓扑时，同一个区域内的路由器可以直接相互交换路由信息，不同区域之间的路由信息交换需要借助于 ABR（区域边界路由器）实现，ABR 至少被配置在两个 OSPF 区域中，并且其中一个区域必须为 Area 0。

【实验步骤】

第一步：在路由器上配置 IP 地址

```
RA#configure terminal
RA(config)#interface FastEthernet 0/0
RA(config-if)#ip address 192. 168. 1. 2 255. 255. 255. 0
RA(config-if)#exit
RA(config)#interface Loopback 0
RA(config-if)#ip address 172. 16. 0. 1 255. 255. 255. 0
RA(config-if)#exit
RA(config)#interface Loopback 1
RA(config-if)#ip address 172. 16. 1. 1 255. 255. 255. 0
```

RA(config-if)#exit

RA(config)#interface Loopback 2

RA(config-if)#ip address 172. 16. 2. 1 255. 255. 255. 0

RA(config-if)#exit

RA(config)#interface Loopback 3

RA(config-if)#ip address 172. 16. 3. 1 255. 255. 255. 0

RA(config-if)#exit

RA(config)#interface Loopback 4

RA(config-if)#ip address 172. 16. 4. 1 255. 255. 255. 0

RA(config-if)#exit

RB#configure terminal

RB(config)#interface FastEthernet 0/0

RB(config-if)#ip address 192. 168. 1. 1 255. 255. 255. 0

RB(config-if)#exit

RB(config)#interface FastEthernet 0/1

RB(config-if)#ip address 192. 168. 2. 1 255. 255. 255. 0

RB(config-if)#exit

RB(config)#interface Loopback 0

RB(config-if)#ip address 172. 24. 1. 1 255. 255. 255. 0

RB(config-if)#exit

RB(config)#interface Loopback 1

RB(config-if)#p address 192. 168. 3. 1 255. 255. 255. 0

RB(config-if)#exit

RC#configure terminal

RC(config)#interface FastEthernet 0/0

RC(config-if)#ip address 192. 168. 2. 2 255. 255. 255. 0

RC(config-if)#exit

RC(config)#interface Loopback 0

RC(config-if)#ip address 172. 24. 2. 1 255. 255. 255. 0

RC(config-if)#exit

第二步:配置 OSPF

RA(config)#router ospf 10

RA(config-router)#network 172. 16. 0. 0 0. 0. 0. 255 area 1

RA(config-router)#network 172. 16. 1. 0 0. 0. 0. 255 area 1

RA(config-router)#network 172. 16. 2. 0 0. 0. 0. 255 area 1

RA(config-router)#network 172. 16. 3. 0 0. 0. 0. 255 area 1

RA(config-router)#network 172. 16. 4. 0 0. 0. 0. 255 area 1

RA(config-router)#network 192. 168. 1. 0 0. 0. 0. 255 area 0

RB(config)#router ospf 10

RB(config-router)#network 172. 24. 1. 0 0. 0. 0. 255 area 0

RB(config-router)#network 192. 168. 1. 0 0. 0. 0. 255 area 0

RB(config-router)#network 192. 168. 2. 0 0. 0. 0. 255 area 30

RB(config-router)#network 192. 168. 3. 0 0. 0. 0. 255 area 0

RC(config)#router ospf 10
RC(config-router)#network 172. 24. 2. 0 0. 0. 0. 255 area 30
RC(config-router)#network 192. 168. 2. 0 0. 0. 0. 255 area 30

第三步：验证测试

便用 show ip roufe 命令验证 OSPF 路由：

RA#show ip route

Codes:C – connected,S – static,R – RIP B – BGP
O – OSPF,IA – OSPF inter area
N1 – OSPF NSSA external type 1,N2 – OSPF NSSA external type 2
E1 – OSPF external type 1,E2 – OSPF external type 2
i – IS – IS,L1 – IS – IS level – 1,L2 – IS – IS level – 2,ia – IS – IS inter area
∗ – candidate default

Gateway of last resort is no set
C   172. 16. 0. 0/24 is directly connected,Loopback 0
C   172. 16. 0. 1/32 is local host.
C   172. 16. 1. 0/24 is directly connected,Loopback 1
C   172. 16. 1. 1/32 is local host.
C   172. 16. 2. 0/24 is directly connected,Loopback 2
C   172. 16. 2. 1/32 is local host.
C   172. 16. 3. 0/24 is directly connected,Loopback 3
C   172. 16. 3. 1/32 is local host.
C   172. 16. 4. 0/24 is directly connected,Loopback 4
C   172. 16. 4. 1/32 is local host.
O   172. 24. 1. 1/32[110/1]via 192. 168. 1. 1,00:03:13,FastEthernet 0/0
O IA 172. 24. 2. 1/32[110/2]via 192. 168. 1. 1,00:00:35,FastEthernet 0/0
C   192. 168. 1. 0/24 is directly connected,FastEthernet 0/0
C   192. 168. 1. 2/32 is local host.
O IA 192. 168. 2. 0/24[110/2]via 192. 168. 1. 1,00:03:13,FastEthernet 0/0
O   192. 168. 3. 1/32[110/1]via 192. 168. 1. 1,00:03:13,FastEthernet 0/0

从 RA 的路由表可以看到，RA 通过 OSPF 区域内路由学习到了 172. 24. 1. 1/32 和 192. 168. 3. 1/32 的路由信息，通过 OSPF 区域间路由学习到了 172. 24. 2. 1/32 和 192. 168. 2. 0/24 的路由信息。

RB#show ip route

Codes:C – connected,S – static,R – RIP B – BGP
O – OSPF,IA – OSPF inter area

N1 – OSPF NSSA external type 1 , N2 – OSPF NSSA external type 2

E1 – OSPF external type 1 , E2 – OSPF external type 2

i – IS – IS , L1 – IS – IS level – 1 , L2 – IS – IS level – 2 , ia – IS – IS inter area

∗ – candidate default

Gateway of last resort is no set

O IA 172. 16. 0. 0/24 [110/1] **via 192. 168. 1. 2 , 00 : 03 : 03 , FastEthernet 0/0**

O IA 172. 16. 1. 0/24 [110/1] **via 192. 168. 1. 2 , 00 : 03 : 03 , FastEthernet 0/0**

O IA 172. 16. 2. 0/24 [110/1] **via 192. 168. 1. 2 , 00 : 03 : 03 , FastEthernet 0/0**

O IA 172. 16. 3. 0/24 [110/1] **via 192. 168. 1. 2 , 00 : 03 : 03 , FastEthernet 0/0**

O IA 172. 16. 4. 0/24 [110/1] **via 192. 168. 1. 2 , 00 : 03 : 03 , FastEthernet 0/0**

C   172. 24. 1. 0/24 is directly connected , Loopback 0

C   172. 24. 1. 1/32 is local host.

O   **172. 24. 2. 1/32** [110/1] **via 192. 168. 2. 2 , 00 : 02 : 48 , FastEthernet 0/1**

C   192. 168. 1. 0/24 is directly connected , FastEthernet 0/0

C   192. 168. 1. 1/32 is local host.

C   192. 168. 2. 0/24 is directly connected , FastEthernet 0/1

C   192. 168. 2. 1/32 is local host.

C   192. 168. 3. 0/24 is directly connected , Loopback 1

C   192. 168. 3. 1/32 is local host.

从 RB 的路由表可以看到，RB 通过 OSPF 区域内路由学习到了 172. 24. 2. 1/32 的路由信息，通过 OSPF 区域间路由学习到了 172. 16. 0. 0/24 ~ 172. 16. 4. 0/24 的路由信息。

RC#show ip route

Codes : C – connected , S – static , R – RIP B – BGP

     O – OSPF , IA – OSPF inter area

     N1 – OSPF NSSA external type 1 , N2 – OSPF NSSA external type 2

     E1 – OSPF external type 1 , E2 – OSPF external type 2

     i – IS – IS , L1 – IS – IS level – 1 , L2 – IS – IS level – 2 , ia – IS – IS inter area

     ∗ – candidate default

Gateway of last resort is no set

O IA 172. 16. 0. 0/24 [110/2] **via 192. 168. 2. 1 , 00 : 08 : 00 , FastEthernet 0/0**

O IA 172. 16. 1. 0/24 [110/2] **via 192. 168. 2. 1 , 00 : 08 : 00 , FastEthernet 0/0**

O IA 172. 16. 2. 0/24 [110/2] **via 192. 168. 2. 1 , 00 : 08 : 00 , FastEthernet 0/0**

O IA 172. 16. 3. 0/24 [110/2] **via 192. 168. 2. 1 , 00 : 08 : 00 , FastEthernet 0/0**

O IA 172. 16. 4. 0/24 [110/2] **via 192. 168. 2. 1 , 00 : 08 : 00 , FastEthernet 0/0**

O IA 172. 24. 1. 0/24 [110/1] **via 192. 168. 2. 1 , 00 : 08 : 00 , FastEthernet 0/0**

C   172. 24. 2. 0/24 is directly connected , Loopback 0

C   172. 24. 2. 1/32 is local host.

O IA 192. 168. 1. 0/24 [110/2] **via 192. 168. 2. 1 , 00 : 08 : 00 , FastEthernet 0/0**

C   192. 168. 2. 0/24 is directly connected , FastEthernet 0/0

C   192. 168. 2. 2/32 is local host.

O IA 192. 168. 3. 0/24［110/1］via 192. 168. 2. 1 , 00 : 08 : 00 , FastEthernet 0/0

从 RC 的路由表可以看到，RC 通过 OSPF 区域间路由学习到了其他子网的路由信息。

【注意事项】

- 在锐捷路由器中，OSPF 使用 32 位的掩码通告 Loopback 接口的路由，即将 Loopback 接口的地址通告为主机路由。
- OSPF 的 ABR 必须与骨干区域 Area 0 相连。

【参考配置】

```
RA#show running-config

Building configuration. . .
Current configuration : 1029 bytes

!
hostname RA
!
enable secret 5  $ 1 $ db44 $ 8x67vy78Dz5pq1xD
!
interface FastEthernet 0/0
 ip address 192. 168. 1. 2 255. 255. 255. 0
 duplex auto
 speed auto
!
interface FastEthernet 0/1
 duplex auto
 speed auto
!
interface Loopback 0
 ip address 172. 16. 0. 1 255. 255. 255. 0
!
interface Loopback 1
 ip address 172. 16. 1. 1 255. 255. 255. 0
!
interface Loopback 2
 ip address 172. 16. 2. 1 255. 255. 255. 0
!
interface Loopback 3
 ip address 172. 16. 3. 1 255. 255. 255. 0
!
interface Loopback 4
 ip address 172. 16. 4. 1 255. 255. 255. 0
!
```

```
router ospf 10
 network 172. 16. 0. 0 0. 0. 0. 255 area 1
 network 172. 16. 1. 0 0. 0. 0. 255 area 1
 network 172. 16. 2. 0 0. 0. 0. 255 area 1
 network 172. 16. 3. 0 0. 0. 0. 255 area 1
 network 172. 16. 4. 0 0. 0. 0. 255 area 1
 network 192. 168. 1. 0 0. 0. 0. 255 area 0
!
line con 0
line aux 0
line vty 0 4
 login
!
end

RB#show running-config

Building configuration. . .
Current configuration：807 bytes

!
hostname RB
!
enable secret 5  $ 1 $ db44 $ 8x67vy78Dz5pq1xD
!
interface FastEthernet 0/0
 ip address 192. 168. 1. 1 255. 255. 255. 0
 duplex auto
 speed auto
!
interface FastEthernet 0/1
 ip address 192. 168. 2. 1 255. 255. 255. 0
 duplex auto
 speed auto
!
interface Loopback 0
 ip address 172. 24. 1. 1 255. 255. 255. 0
!
interface Loopback 1
 ip address 192. 168. 3. 1 255. 255. 255. 0
router ospf 10
 network 172. 24. 1. 0 0. 0. 0. 255 area 0
 network 192. 168. 1. 0 0. 0. 0. 255 area 0
 network 192. 168. 2. 0 0. 0. 0. 255 area 30
 network 192. 168. 3. 0 0. 0. 0. 255 area 0
```

```
!
line con 0
line aux 0
line vty 0 4
 login
!
end

RC#show running-config

Building configuration. . .
Current configuration:734 bytes

!
hostname RC
!
enable secret 5 $ 1 $ db44 $ 8x67vy78Dz5pq1xD
!
interface FastEthernet 0/0
 ip address 192.168.2.2 255.255.255.0
 duplex auto
 speed auto
!
interface FastEthernet 0/1
 duplex auto
 speed auto
!
interface Loopback 0
 ip address 172.24.2.1 255.255.255.0
!
interface Loopback 1
 ip address 199.0.0.10 255.255.255.240
!
router ospf 10
 network 172.24.2.0 0.0.0.255 area 30
 network 192.168.2.0 0.0.0.255 area 30
!
ip route 0.0.0.0 0.0.0.0 Loopback 1
!
line con 0
line aux 0
line vty 0 4
 login
!
end
```

实验 3   配置 OSPF 区域间路由汇总

【实验名称】

配置 OSPF 区域间路由汇总。

【实验目的】

理解 OSPF 路由汇总的配置及优点。

【背景描述】

某公司使用 OSPF 路由协议实现路由选择，并使用多区域的层次化结构实现分公司和总部的网络间的路由信息交换。但是管理员发现，由于网络中的子网数量较多，导致路由器中路由表条目过多。

【需求分析】

为了减少路由表条目，可以在 ABR 上配置路由汇总，同时也能降低路由器 CPU、内存资源的消耗。

【实验拓扑】

拓扑如图 2−3 所示。

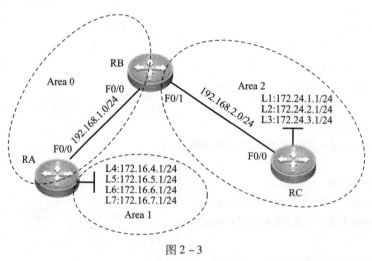

图 2−3

【实验设备】

路由器 3 台

【预备知识】

路由器的基本配置、OSPF 工作原理。

【实验原理】

OSPF 的区域间路由汇总可以对区域内的多个详细路由汇总成一条路由通告到其他区域和路由器。

【实验步骤】

第一步：在路由器上配置 IP 地址

RA#configure terminal

RA(config)#interface FastEthernet 0/0

RA(config-if)#ip address 192. 168. 1. 2 255. 255. 255. 0

RA(config)#interface Loopback 4

RA(config-if)#ip address 172. 16. 4. 1 255. 255. 255. 0

RA(config-if)#exit

RA(config)#interface Loopback 5

RA(config-if)#ip address 172. 16. 5. 1 255. 255. 255. 0

RA(config-if)#exit

RA(config)#interface Loopback 6

RA(config-if)#ip address 172. 16. 6. 1 255. 255. 255. 0

RA(config)#interface Loopback 7

RA(config-if)#ip address 172. 16. 7. 1 255. 255. 255. 0

RA(config-if)#exit

RB#configure terminal

RB(config)#interface FastEthernet 0/0

RB(config-if)#ip address 192. 168. 1. 1 255. 255. 255. 0

RB(config-if)#exit

RB(config)#interface FastEthernet 0/1

RB(config-if)#ip address 192. 168. 2. 1 255. 255. 255. 0

RB(config-if)#exit

RC#configure terminal

RC(config)#interface FastEthernet 0/0

RC(config-if)#ip address 192. 168. 2. 2 255. 255. 255. 0

RC(config-if)#exit

RC(config)#interface Loopback 1

RC(config-if)#ip address 172. 24. 1. 1 255. 255. 255. 0

RC(config-if)#exit

RC(config)#interface Loopback 2

RC(config-if)#ip address 172. 24. 2. 1 255. 255. 255. 0

RC(config-if)#exit

RC(config)#interface Loopback 3

RC(config-if)#ip address 172. 24. 3. 1 255. 255. 255. 0

RC(config-if)#exit

第二步：配置 OSPF

```
RA(config)#router ospf 10
RA(config-router)#network 172.16.4.0 0.0.0.255 area 1
RA(config-router)#network 192.168.1.0 0.0.0.255 area 0
RA(config-router)#network 172.16.5.0 0.0.0.255 area 1
RA(config-router)#network 172.16.6.0 0.0.0.255 area 1
RA(config-router)#network 172.16.7.0 0.0.0.255 area 1

RB(config)#router ospf 10
RB(config-router)#network 192.168.1.0 0.0.0.255 area 0
RB(config-router)#network 192.168.2.0 0.0.0.255 area 2

RC(config)#router ospf 10
RC(config-router)#network 172.24.2.0 0.0.0.255 area 2
RC(config-router)#network 192.168.2.0 0.0.0.255 area 2
RC(config-router)#network 172.24.1.0 0.0.0.255 area 2
RC(config-router)#network 172.24.3.0 0.0.0.255 area 2
```

第三步：配置区域间路由汇总

```
RA(config)#router ospf 10
RA(config-router)#area 1 range 172.16.4.0 255.255.252.0
！在路由器 RA 上将 Area1 的路由汇总为 172.16.4.0/22
RB(config)#router ospf 10
RB(config)#area 2 range 172.24.0.0 255.255.252.0
！在路由器 RB 上将 Area2 的路由汇总为 172.24.0.0/22
```

第四步：验证测试

使用 show ip route 命令验证 OSPF 区域间路由汇总：

```
RA#show ip route

Codes: C – connected, S – static, R – RIP B – BGP
       O – OSPF, IA – OSPF inter area
       N1 – OSPF NSSA external type 1, N2 – OSPF NSSA external type 2
       E1 – OSPF external type 1, E2 – OSPF external type 2
       i – IS – IS, L1 – IS – IS level – 1, L2 – IS – IS level – 2, ia – IS – IS inter area
       * – candidate default

Gateway of last resort is no set
C     172.16.4.0/24 is directly connected, Loopback 4
O     172.16.4.0/22 is directly connected, 00:04:27, Null 0
C     172.16.4.1/32 is local host.
C     172.16.5.0/24 is directly connected, Loopback 5
C     172.16.5.1/32 is local host.
```

C　　172.16.6.0/24 is directly connected,Loopback 6

C　　172.16.6.1/32 is local host.

C　　172.16.7.0/24 is directly connected,Loopback 7

C　　172.16.7.1/32 is local host.

O IA 172.24.0.0/22〔110/2〕via 192.168.1.1,00:00:32,FastEthernet 0/0

C　　192.168.1.0/24 is directly connected,FastEthernet 0/0

C　　192.168.1.2/32 is local host.

O IA 192.168.2.0/24〔110/2〕via 192.168.1.1,00:00:48,FastEthernet 0/0

从 RA 的路由表可以看到，RA 学习到了 RC 的三个 Loopback 接口的汇总路由。

RB#show ip route

Codes:C – connected,S – static,R – RIP B – BGP

　　　O – OSPF,IA – OSPF inter area

　　　N1 – OSPF NSSA external type 1,N2 – OSPF NSSA external type 2

　　　E1 – OSPF external type 1,E2 – OSPF external type 2

　　　i – IS – IS,L1 – IS – IS level – 1,L2 – IS – IS level – 2,ia – IS – IS inter area

　　　* – candidate default

Gateway of last resort is no set

O IA 172.16.4.0/22〔110/1〕via 192.168.1.2,00:04:11,FastEthernet 0/0

O　　172.24.0.0/22 is directly connected,00:01:37,Null 0

O　　172.24.1.1/32〔110/1〕via 192.168.2.2,00:01:37,FastEthernet 0/1

O　　172.24.2.1/32〔110/1〕via 192.168.2.2,00:01:37,FastEthernet 0/1

O　　172.24.3.1/32〔110/1〕via 192.168.2.2,00:01:37,FastEthernet 0/1

C　　192.168.1.0/24 is directly connected,FastEthernet 0/0

C　　192.168.1.1/32 is local host.

C　　192.168.2.0/24 is directly connected,FastEthernet 0/1

C　　192.168.2.1/32 is local host.

从 RB 的路由表可以看到，RB 学习到了 RA 的四个 Loopback 接口的汇总路由。

RC#show ip route

Codes:C – connected,S – static,R – RIP B – BGP

　　　O – OSPF,IA – OSPF inter area

　　　N1 – OSPF NSSA external type 1,N2 – OSPF NSSA external type 2

　　　E1 – OSPF external type 1,E2 – OSPF external type 2

　　　i – IS – IS,L1 – IS – IS level – 1,L2 – IS – IS level – 2,ia – IS – IS inter area

　　　* – candidate default

Gateway of last resort is no set

O IA 172.16.4.0/22 ［110/2］ via 192.168.2.1,00:01:59,FastEthernet 0/0
C   172.24.1.0/24 is directly connected,Loopback 1
C   172.24.1.1/32 is local host.
C   172.24.2.0/24 is directly connected,Loopback 2
C   172.24.2.1/32 is local host.
C   172.24.3.0/24 is directly connected,Loopback 3
C   172.24.3.1/32 is local host.
O IA 192.168.1.0/24 ［110/2］ via 192.168.2.1,00:01:59,FastEthernet 0/0
C   192.168.2.0/24 is directly connected,FastEthernet 0/0
C   192.168.2.2/32 is local host.

从 RC 的路由表可以看到，RC 学习到了 RA 的四个 Loopback 接口的汇总路由。

【注意事项】

- OSPF 的区域间路由汇总只能在 ABR 上进行配置。
- 当进行 OSPF 路由汇总后，OSPF 将生成一条指向 Null0 接口的汇总路由，用于防止路由环路的产生。

【参考配置】

```
RA#show running-config

Building configuration...
Current configuration:1272 bytes

!
hostname RA
!
enable secret 5  $ 1 $ db44 $ 8x67vy78Dz5pq1xD
!
interface FastEthernet 0/0
 ip address 192.168.1.2 255.255.255.0
 duplex auto
 speed auto
!
interface FastEthernet 0/1
 duplex auto
 speed auto
!
interface Loopback 4
 ip address 172.16.4.1 255.255.255.0
!
interface Loopback 5
 ip address 172.16.5.1 255.255.255.0
!
```

```
interface Loopback 6
 ip address 172. 16. 6. 1 255. 255. 255. 0
!
interface Loopback 7
 ip address 172. 16. 7. 1 255. 255. 255. 0
router ospf 10
 area 1 range 172. 16. 4. 0 255. 255. 252. 0
 network 172. 16. 4. 0 0. 0. 0. 255 area 1
 network 172. 16. 5. 0 0. 0. 0. 255 area 1
 network 172. 16. 6. 0 0. 0. 0. 255 area 1
 network 172. 16. 7. 0 0. 0. 0. 255 area 1
 network 192. 168. 1. 0 0. 0. 0. 255 area 0
!
line con 0
line aux 0
line vty 0 4
 login
!
end


RB#show running-config

Building configuration. . .
Current configuration:849 bytes

!
hostname RB
!
!
enable secret 5 $1$db44$8x67vy78Dz5pq1xD
!
interface FastEthernet 0/0
 ip address 192. 168. 1. 1 255. 255. 255. 0
 duplex auto
 speed auto
!
interface FastEthernet 0/1
 ip address 192. 168. 2. 1 255. 255. 255. 0
 duplex auto
 speed auto
!
!
router ospf 10
 area 2 range 172. 24. 0. 0 255. 255. 252. 0
 network 192. 168. 1. 0 0. 0. 0. 255 area 0
```

```
network 192. 168. 2. 0 0. 0. 0. 255 area 2
!
line con 0
line aux 0
line vty 0 4
 login
!
end

RC#show running-config

Building configuration. . .
Current configuration：1346 bytes

!
hostname RC
!
enable secret 5  $ 1 $ db44 $ 8x67vy78Dz5pq1xD
!
interface FastEthernet 0/0
 ip address 192. 168. 2. 2 255. 255. 255. 0
 duplex auto
 speed auto
!
interface FastEthernet 0/1
 duplex auto
 speed auto
!
interface Loopback 1
 ip address 172. 24. 1. 1 255. 255. 255. 0
!
interface Loopback 2
 ip address 172. 24. 2. 1 255. 255. 255. 0
!
interface Loopback 3
 ip address 172. 24. 3. 1 255. 255. 255. 0
!
router ospf 10
 network 172. 24. 1. 0 0. 0. 0. 255 area 2
 network 172. 24. 2. 0 0. 0. 0. 255 area 2
 network 172. 24. 3. 0 0. 0. 0. 255 area 2
 network 192. 168. 2. 0 0. 0. 0. 255 area 2
!
line con 0
line aux 0
```

```
    line vty 0 4
     login
    !
    end
```

实验 4　配置 OSPF 外部路由汇总

【实验名称】

配置外部 OSPF 路由汇总。

【实验目的】

理解 OSPF 外部路由汇总的配置及优点。

【背景描述】

公司 A 的网络运行 OSPF 多区域。由于公司 A 近期收购了另一家公司 B，因此公司 A 使用路由重分发的方式将公司 B 的路由信息通告到了本公司网络中，但是公司 B 网络的子网数目较多，导致本公司网络中路由器的路由表过大。

【需求分析】

由于分公司子网较多，这时可以在 ASBR（自治系统边界路由器）上配置路由汇总，将外部路由进行汇总，减少路由表中路由条目的数量。

【实验拓扑】

拓扑图如图 2-4 所示。

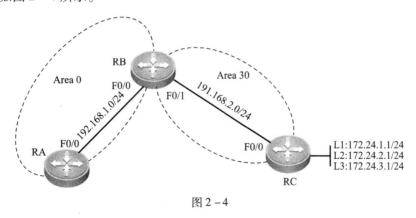

图 2-4

【实验设备】

路由器 3 台

【预备知识】

路由器的基本配置、OSPF 基本原理。

【实验原理】

OSPF 的外部路由汇总可以对从其他路由域引入到 OSPF 中的路由进行汇总，之后 ASBR 只会通告汇总后的路由到 OSPF 域中。

【实验步骤】

第一步：在路由器上配置 IP 地址

```
RA#configure terminal
RA(config)#interface FastEthernet 0/0
RA(config-if)#ip address 192.168.1.2 255.255.255.0
RA(config-if)#exit

RB#configure terminal
RB(config)#interface FastEthernet 0/0
RB(config-if)#ip address 192.168.1.1 255.255.255.0
RB(config)#exit
RB(config)#interface FastEthernet 0/1
RB(config-if)#ip address 192.168.2.1 255.255.255.0
RB(config)#exit

RC#configure terminal
RC(config)#interface FastEthernet 0/0
RC(config-if)#ip address 192.168.2.2 255.255.255.0
RC(config)#exit
RC(config)#interface Loopback 1
RC(config-if)#ip address 172.24.1.1 255.255.255.0
RC(config)#exit
RC(config)#interface Loopback 2
RC(config-if)#ip address 172.24.2.1 255.255.255.0
RC(config)#exit
RC(config)#interface Loopback 3
RC(config-if)#ip address 172.24.3.1 255.255.255.0
RC(config)#exit
```

第二步：配置 OSPF

```
RA(config)#router ospf 10
RA(config-router)#network 192.168.1.0 0.0.0.255 area 0

RB(config)#router ospf 10
RB(config-router)#network 192.168.1.0 0.0.0.255 area 0
RB(config-router)#network 192.168.2.0 0.0.0.255 area 30

RC(config)#router ospf 10
RC(config-router)#network 192.168.2.0 0.0.0.255 area 30
```

第三步：将 RC 的直连路由重分发到 OSPF 路由域中

RC(config)#router ospf 10

RC(config-router)#redistribute connected subnets 3

！将路由器 RC 上的直连路由发布到 OSPF 中，开销值为 3

第四步：配置路由汇总

RC(config)#router ospf 10

RC(config-router)#summary-address 172.24.0.0 255.255.252.0

！在 RC 上将重分发的路由信息汇总为 172.24.0.0/22。

第五步：验证测试

使用 show ip route 命令验证 OSPF 外部路由汇总：

RA#show ip route

Codes：C – connected，S – static，R – RIP B – BGP

　　　O – OSPF，IA – OSPF inter area

　　　N1 – OSPF NSSA external type 1，N2 – OSPF NSSA external type 2

　　　E1 – OSPF external type 1，E2 – OSPF external type 2

　　　i – IS – IS，L1 – IS – IS level – 1，L2 – IS – IS level – 2，ia – IS – IS inter area

　　　* – candidate default

Gateway of last resort is no set

O E2 172.24.0.0/22 [110/3] via 192.168.1.1,00:02:49,FastEthernet 0/0

C　　192.168.1.0/24 is directly connected,FastEthernet 0/0

C　　192.168.1.2/32 is local host.

O IA 192.168.2.0/24 [110/2] via 192.168.1.1,00:03:11,FastEthernet 0/0

RB#show ip route

Codes：C – connected，S – static，R – RIP B – BGP

　　　O – OSPF，IA – OSPF inter area

　　　N1 – OSPF NSSA external type 1，N2 – OSPF NSSA external type 2

　　　E1 – OSPF external type 1，E2 – OSPF external type 2

　　　i – IS – IS，L1 – IS – IS level – 1，L2 – IS – IS level – 2，ia – IS – IS inter area

　　　* – candidate default

Gateway of last resort is no set

O E2 172.24.0.0/22 [110/3] via 192.168.2.2,00:02:02,FastEthernet 0/1

C　　192.168.1.0/24 is directly connected,FastEthernet 0/0

C　　192.168.1.1/32 is local host.

C　　192.168.2.0/24 is directly connected,FastEthernet 0/1

C　　192.168.2.1/32 is local host.

从 RA 和 RB 的路由表可以看到，由于 RC 对外部路由进行了汇总，所以 RA 和 RB 只学习到了汇总后的路由，并且开销值为 3。

【注意事项】

OSPF 的外部路由汇总只对重分发到 OSPF 中的外部路由进行汇总，不会对区域内和区域间的路由进行汇总。

【参考配置】

```
RA#show running-config

Building configuration. . .
Current configuration：1272 bytes

!
hostname RA
!
enable secret 5  $ 1 $ db44 $ 8x67vy78Dz5pq1xD
!
interface FastEthernet 0/0
 ip address 192. 168. 1. 2 255. 255. 255. 0
 duplex auto
 speed auto
!
interface FastEthernet 0/1
 duplex auto
 speed auto
!
router ospf 10
 network 192. 168. 1. 0 0. 0. 0. 255 area 0
!
line con 0
line aux 0
line vty 0 4
 login
!
end

RB#show running-config

Building configuration. . .
Current configuration ：807 bytes
!
hostname RB
!
```

```
enable secret 5  $ 1 $ db44 $ 8x67vy78Dz5pq1xD
!
interface FastEthernet 0/0
 ip address 192. 168. 1. 1 255. 255. 255. 0
 duplex auto
 speed auto
!
interface FastEthernet 0/1
 ip address 192. 168. 2. 1 255. 255. 255. 0
 duplex auto
 speed auto
!
!
router ospf 10
 network 192. 168. 1. 0 0. 0. 0. 255 area 0
 network 192. 168. 2. 0 0. 0. 0. 255 area 30
!
line con 0
line aux 0
line vty 0 4
 login
!
end


RC#show running-config

Building configuration. . .
Current configuration:1326 bytes

!
hostname RC
!
enable secret 5  $ 1 $ db44 $ 8x67vy78Dz5pq1xD
!
interface FastEthernet 0/0
 ip address 192. 168. 2. 2 255. 255. 255. 0
 duplex auto
 speed auto
!
interface FastEthernet 0/1
 duplex auto
 speed auto
!
interface Loopback 0
 ip address 172. 24. 2. 1 255. 255. 255. 0
```

```
!
interface Loopback 1
 ip address 172. 24. 1. 1 255. 255. 255. 0
!
interface Loopback 2
 ip address 172. 24. 2. 1 255. 255. 255. 0
!
interface Loopback 3
 ip address 172. 24. 3. 1 255. 255. 255. 0
!
!
!
router ospf 10
 redistribute connected subnets metric 3
 network 192. 168. 2. 0 0. 0. 0. 255 area 30
 summary-address 172. 24. 0. 0 255. 255. 252. 0
!
!
!
line con 0
line aux 0
line vty 0 4
 login
!
end
```

实验 5　配置 OSPF Stub 区域

【实验名称】

配置 OSPF Stub 区域。

【实验目的】

理解 OSPF Stub 区域的概念及 Stub 区域中路由的操作方式。

【背景描述】

某公司网络中运行 OSPF 路由协议，拓扑如图 2 - 5 所示。Area 10 通过路由器 RD 接入到外部网络中，为了降低路由器系统资源消耗，公司希望 Area 1 中的路由器不接收区域外部的路由信息。

【需求分析】

为了减少 LSA 在 OSPF 常规区域中的泛洪，减少路由器系统资源的占用，可以把常规区域配置为 OSPF Stub 区域。

【实验拓扑】

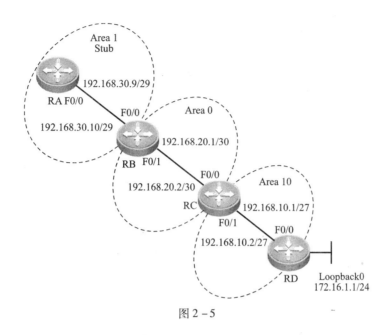

图 2 - 5

【实验设备】

路由器 4 台

【预备知识】

路由器基本配置知识、OSPF 工作原理

【实验原理】

在 OSPF 网络中，对于一些不希望接收外部路由或区域间路由的区域，可以将其配置为
Stub 区域。OSPF 外部路由不会被通告到 Stub 区域中，Stub 区域中的路由器通过默认路由将数
据发送到区域外。如果将区域配置为绝对 Stub 区域，那么外部路由和区域间路由都不会被通
告到该区域中，最大化地减小了区域内路由器的路由表规模，节省路由器系统资源。

【实验步骤】

第一步：在路由器上配置 IP 地址

```
RA#configure terminal
RA(config)#interface FastEthernet 0/0
RA(config-if)#ip address 192.168.30.9 255.255.255.248
RA(config-if)#exit


RB#configure terminal
RB(config)#interface FastEthernet 0/0
RB(config-if)#ip address 192.168.30.10 255.255.255.248
RB(config-if)#exit
RB(config)#interface FastEthernet 0/1
```

RB（config-if）#ip address 192. 168. 20. 1 255. 255. 255. 252

RB（config-if）#exit

RC#configure terminal

RC（config）#interface FastEthernet 0/0

RC（config-if）#ip address 192. 168. 20. 2 255. 255. 255. 252

RC（config-if）#exit

RC（config）#interface FastEthernet 0/1

RC（config-if）#ip address 192. 168. 10. 1 255. 255. 255. 224

RC（config-if）#exit

RD#configure terminal

RD（config）#interface FastEthernet 0/0

RD（config-if）#iip address 192. 168. 10. 2 255. 255. 255. 224

RD（config-if）#exit

RD（config）#interface Loopback 0

RD（config-if）#ip address 172. 16. 1. 1 255. 255. 255. 0

RD（config-if）#exit

第二步：配置 OSPF

RA（config）#router ospf 10

RA（config-router）#network 192. 168. 30. 8 0. 0. 0. 7 area 1

RB（config）#router ospf 10

RB（config-router）#network 192. 168. 20. 0 0. 0. 0. 3 area 0

RB（config-router）#network 192. 168. 30. 8 0. 0. 0. 7 area 1

RC（config）#router ospf 10

RC（config-router）#network 192. 168. 10. 0 0. 0. 0. 31 area 10

RC（config-router）#network 192. 168. 20. 0 0. 0. 0. 3 area 0

RD（config）#router ospf 10

RD（config-router）#network 192. 168. 10. 0 0. 0. 0. 31 area 10

第三步：配置 Stub

RA（config）#router ospf 10

RA（config-router）#area 1 stub

！在路由器 RA 上将 Area 1 配置为 Stub 区域

RB（config）#router ospf 10

RB（config-router）#area 1 stub

！在路由器 RB 上将 Area 1 配置为 Stub 区域

第四步：在 RD 上将直连路由重分发到 OSPF 中

RD（config）#router ospf 10

RD（config）#redistribute connected subnets

！将直连路由重分发到 OSPF 中

第五步：验证测试

使用 show ip route 命令验证 Stub 区域的配置：

```
RB#show ip route

Codes:C – connected,S – static,R – RIP B – BGP
        O – OSPF,IA – OSPF inter area
        N1 – OSPF NSSA external type 1,N2 – OSPF NSSA external type 2
        E1 – OSPF external type 1,E2 – OSPF external type 2
        i – IS – IS,L1 – IS – IS level – 1,L2 – IS – IS level – 2,ia – IS – IS inter area
         ＊ – candidate default

Gateway of last resort is no set
O E2 172. 16. 1. 0/24 ［110/20］ via 192. 168. 20. 2,00:01:52,FastEthernet 0/1
O IA 192. 168. 10. 0/27 ［110/2］ via 192. 168. 20. 2,00:02:12,FastEthernet 0/1
C      192. 168. 20. 0/30 is directly connected,FastEthernet 0/1
C      192. 168. 20. 1/32 is local host.
C      192. 168. 30. 8/29 is directly connected,FastEthernet 0/0
C      192. 168. 30. 10/32 is local host.
```

通过 RB 的路由表可以看到，RB 学习到了外部路由 172. 16. 1. 0/24。

```
RA#show ip route

Codes:C – connected,S – static,R – RIP B – BGP
        O – OSPF,IA – OSPF inter area
        N1 – OSPF NSSA external type 1,N2 – OSPF NSSA external type 2
        E1 – OSPF external type 1,E2 – OSPF external type 2
        i – IS – IS,L1 – IS – IS level – 1,L2 – IS – IS level – 2,ia – IS – IS inter area
         ＊ – candidate default

Gateway of last resort is 192. 168. 30. 10 to network 0. 0. 0. 0
O ＊ IA 0. 0. 0. 0/0 ［110/2］ via 192. 168. 30. 10,00:03:17,FastEthernet 0/0
O IA 192. 168. 10. 0/27 ［110/3］ via 192. 168. 30. 10,00:02:57,FastEthernet 0/0
O IA 192. 168. 20. 0/30 ［110/2］ via 192. 168. 30. 10,00:03:17,FastEthernet 0/0
C      192. 168. 30. 8/29 is directly connected,FastEthernet 0/0
C      192. 168. 30. 9/32 is local host.
```

通过 RA 的路由表可以看到，在 Stub 区域中的 RA 无法学习到 OSPF 外部路由，但是可以学习到区域间路由信息，这是因为 RB 阻止了外部路由进入 Area 1，并且 RA 使用 ABR（RB）通告的一条默认路由到达外部网络。

第六步：配置绝对 Stub 区域

RB(config)#router ospf 10

RB(config – router)#area 1 stub no – summary

! 在路由器 RB 上使用 no – summary 参数将 Area 1 配置为绝对 Stub 区域

第七步：验证测试

使用 show ip route 命令验证绝对 Stub 区域的配置：

RA#show ip route

Codes:C – connected,S – static,R – RIP B – BGP

    O – OSPF,IA – OSPF inter area

    N1 – OSPF NSSA external type 1,N2 – OSPF NSSA external type 2

    E1 – OSPF external type 1,E2 – OSPF external type 2

    i – IS – IS,L1 – IS – IS level – 1,L2 – IS – IS level – 2,ia – IS – IS inter area

    * – candidate default

Gateway of last resort is 192. 168. 30. 10 to network 0. 0. 0. 0

O * IA 0. 0. 0. 0/0 [110/2] via 192. 168. 30. 10 ,00 :08 :39 ,FastEthernet 0/0

C   192. 168. 30. 8/29 is directly connected,FastEthernet 0/0

C   192. 168. 30. 9/32 is local host.

通过 RA 的路由表可以看到，由于 Area 1 配置为绝对 Stub 区域，所以 RA 无法学习到 OS-PF 外部路由和区域间路由。RA 使用 ABR（RB）通告的一条默认路由到达其他区域和外部网络。

【注意事项】

- Stub 区域中的所有路由器都要配置 area *area-id* stub 命令。
- 绝对 Stub 区域只需要在 ABR 的 area *area-id* stub 命令后添加 no-summary 参数。
- 骨干区域 Area 0 不能配置为 Stub 区域。

【参考配置】

RA#show running-config

Building configuration...

Current configuration:645 bytes

!

hostname RA

!

!

enable secret 5 $ 1 $ db44 $ 8x67vy78Dz5pq1xD

!

```
interface FastEthernet 0/0
 ip address 192. 168. 30. 9 255. 255. 255. 248
 duplex auto
 speed auto
!
interface FastEthernet 0/1
 duplex auto
 speed auto
!
!
router ospf 10
 area 1 stub
 network 192. 168. 30. 8 0. 0. 0. 7 area 1
!
line con 0
line aux 0
line vty 0 4
 login
!
end


RB#show running-config

Building configuration. . .
Current configuration:621 bytes

!
hostname RB
!
enable secret 5  $ 1 $ db44 $ 8x67vy78Dz5pq1xD
!
interface FastEthernet 0/0
 ip address 192. 168. 30. 10 255. 255. 255. 248
 duplex auto
 speed auto
!
interface FastEthernet 0/1
 ip address 192. 168. 20. 1 255. 255. 255. 252
 duplex auto
 speed auto
!
router ospf 10
 area 1 stub no-summary
 network 192. 168. 20. 0 0. 0. 0. 3 area 0
 network 192. 168. 30. 8 0. 0. 0. 7 area 1
```

```
!
line con 0
line aux 0
line vty 0 4
 login
!
end


RC#show running-config

Building configuration. . .
Current configuration:608 bytes

!
hostname RC
!
enable secret 5  $ 1 $ db44 $ 8x67vy78Dz5pq1xD
!
interface FastEthernet 0/0
 ip address 192. 168. 20. 2 255. 255. 255. 252
 duplex auto
 speed auto
!
interface FastEthernet 0/1
 ip address 192. 168. 10. 1 255. 255. 255. 224
 duplex auto
 speed auto
!
router ospf 10
 network 192. 168. 10. 0 0. 0. 0. 31 area 10
 network 192. 168. 20. 0 0. 0. 0. 3 area 0
!
line con 0
line aux 0
line vty 0 4
 login
!
end


RD#show running-config

Building configuration. . .
Current configuration:899 bytes

!
```

```
hostname RD
!
enable secret 5 $ 1 $ db44 $ 8x67vy78Dz5pq1xD
!
interface FastEthernet 0/0
 ip address 192. 168. 10. 2 255. 255. 255. 224
 duplex auto
 speed auto
!
interface FastEthernet 0/1
 duplex auto
 speed auto
!
interface Loopback 0
 ip address 172. 16. 1. 1 255. 255. 255. 0
!
!
router ospf 10
 redistribute connected subnets
 network 192. 168. 10. 0 0. 0. 0. 31 area 10
!
!
line con 0
line aux 0
line vty 0 4
 login
!
end
```

实验6　配置 OSPF NSSA 区域

【实验名称】

配置 OSPF NSSA 区域。

【实验目的】

理解 OSPF NSSA 区域的概念及 NSSA 区域中路由的操作方式。

【背景描述】

某公司网络中运行 OSPF 路由协议，拓扑如图 2 - 6 所示。为了减少区域内的 LSA 通告，将 Area 1 配置为 Stub 区域。但是一段时间后，Area 1 需要接入到外部运行 RIP 的网络中，需要将 RIP 网络中的路由重分发到 OSPF 中。但由于 Area 1 作为 Stub 区域，不希望接收到外部路由，所以出现了矛盾。

【需求分析】

为了既保证 Area 1 的 Stub 区域属性，又使其能接入到外部网络引入外部路由，可以将 Area 1 配置为 NSSA 区域。

【实验拓扑】

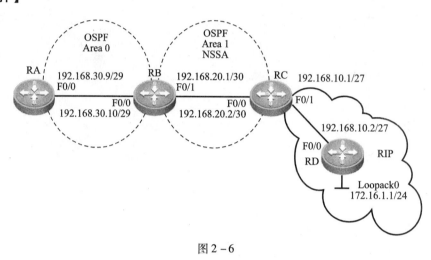

图 2 - 6

【实验设备】

路由器 4 台

【预备知识】

路由器基本配置知识、OSPF 工作原理

【实验原理】

在运行 OSPF 中，Stub 区域可以阻止外部路由的进入，即在 Stub 区域中不允许出现 5 类的 LSA。但由于一些特殊的网络需求，当我们希望 Stub 区域能够接收外部路由信息时，可以将该区域配置为 NSSA 区域。NSSA 区域具有 Stub 区域的属性，不允许 5 类 LSA 在区域内泛洪。对于从外部引入到 NSSA 区域的外部路由，将被转化为一种特殊的 7 类 LSA，7 类 LSA 只允许出现在 NSSA 区域中。当 NSSA 的 ABR 收到 7 类 LSA 后，将其转化为 5 类的 LSA 并向整个网络中扩散出去，使整个网络学习到外部路由信息。

【实验步骤】

第一步：在路由器上配置 IP 地址

RA#configure terminal

RA（config）#interface FastEthernet 0/0

RA（config-if）#ip address 192. 168. 30. 9 255. 255. 255. 248

RA（ocnfig-if）#exit

RB#configure terminal

RB(config)#interface FastEthernet 0/0

RB(config-if)#ip address 192.168.30.10 255.255.255.248

RB(ocnfig-if)#exit

RB(config)#interface FastEthernet 0/1

RB(config-if)#ip address 192.168.20.1 255.255.255.252

RB(ocnfig-if)#exit

RC#configure terminal

RC(config)#interface FastEthernet 0/0

RC(config-if)#ip address 192.168.20.2 255.255.255.252

RC(ocnfig-if)#exit

RC(config)#interface FastEthernet 0/1

RC(config-if)#ip address 192.168.10.1 255.255.255.224

RC(ocnfig-if)#exit

RD#configure terminal

RD(config)#interface FastEthernet 0/0

RD(config-if)#ip address 192.168.10.2 255.255.255.224

RD(ocnfig-if)#exit

RD(config)#interface Loopback 0

RD(config-if)#ip address 172.16.1.1 255.255.255.0

RD(ocnfig-if)#exit

第二步：配置 OSPF

RA(config)#router ospf 10

RA(config-router)#network 192.168.30.8 0.0.0.7 area 0

RB(config)#router ospf 10

RB(config-router)#network 192.168.20.0 0.0.0.3 area 1

RB(config-router)#network 192.168.30.8 0.0.0.7 area 0

RC(config)#router ospf 10

RC(config-router)#network 192.168.20.0 0.0.0.3 area 1

第三步：配置 RIP

RC(config)#router rip

RC(config-router)version 2

RC(config-router)network 192.168.10.0

RC(config-router)no auto-summary

RD(config)#router rip

RD(config-router)#version 2

RD(config-router)#network 192.168.10.0

RD(config-router)#network 172.16.0.0

RD(config-router)#no auto-summary

第四步：将 RIP 路由重分发到 OSPF 中

RC(config) #router ospf 10

RC(config) #redistribute connected subnets

RC(config-router) #redistribute rip metric 30 subnets

第五步：验证测试

使用 show ip route 命令验证路由信息：

RB#show ip route

Codes：C – connected, S – static, R – RIP B – BGP

       O – OSPF, IA – OSPF inter area

       N1 – OSPF NSSA external type 1, N2 – OSPF NSSA external type 2

       E1 – OSPF external type 1, E2 – OSPF external type 2

       i – IS – IS, L1 – IS – IS level – 1, L2 – IS – IS level – 2, ia – IS – IS inter area

       * – candidate default

Gateway of last resort is no set

O E2 172. 16. 1. 0/24 [110/30] via 192. 168. 20. 2 ,00:03:41, FastEthernet 0/1

C   192. 168. 20. 0/30 is directly connected, FastEthernet 0/1

C   192. 168. 20. 1/32 is local host.

C   192. 168. 30. 8/29 is directly connected, FastEthernet 0/0

C   192. 168. 30. 10/32 is local host.

RA#show ip route

Codes：C – connected, S – static, R – RIP B – BGP

       O – OSPF, IA – OSPF inter area

       N1 – OSPF NSSA external type 1, N2 – OSPF NSSA external type 2

       E1 – OSPF external type 1, E2 – OSPF external type 2

       i – IS – IS, L1 – IS – IS level – 1, L2 – IS – IS level – 2, ia – IS – IS inter area

       * – candidate default

Gateway of last resort is no set

O E2 172. 16. 1. 0/24 [110/30] via 192. 168. 30. 10 ,00:04:15, FastEthernet 0/0

O IA 192. 168. 20. 0/30 [110/2] via 192. 168. 30. 10 ,00:11:14, FastEthernet 0/0

C   192. 168. 30. 8/29 is directly connected, FastEthernet 0/0

C   192. 168. 30. 9/32 is local host.

从 RA 和 RB 的路由表可以看到，在没有配置 NSSA 区域的情况下，RA 和 RB 都收到了 RC 重分发的外部路由。

第六步：配置 NSSA 区域

RB(config) #router ospf 10

```
RB(config – router)#area 1 nssa
```

! 在路由器 RB 上将 Area 1 配置为 NSSA 区域，如果使用 no – summary 参数，Area 1 将成为一个绝对 NSSA 区域，表示也不允许区域间路由进入该区域，这与绝对 Stub 区域是一样的。

```
RC(config)#router ospf 10
RC(config – router)#area 1 nssa
```

! 在路由器 RC 上将 Area 1 配置为 NSSA 区域

第七步：验证测试

使用 show ip route 命令验证 NSSA 配置：

```
RB#show ip route

Codes:C – connected,S – static,R – RIP B – BGP
        O – OSPF,IA – OSPF inter area
        N1 – OSPF NSSA external type 1,N2 – OSPF NSSA external type 2
        E1 – OSPF external type 1,E2 – OSPF external type 2
        i – IS – IS,L1 – IS – IS level – 1,L2 – IS – IS level – 2,ia – IS – IS inter area
        * – candidate default

Gateway of last resort is no set
O N2 172. 16. 1. 0/24 [110/30] via 192. 168. 20. 2,00:00:08,FastEthernet 0/1
C     192. 168. 20. 0/30 is directly connected,FastEthernet 0/1
C     192. 168. 20. 1/32 is local host.
C     192. 168. 30. 8/29 is directly connected,FastEthernet 0/0
C     192. 168. 30. 10/32 is local host.
```

通过 RB 的路由表可以看到，RB 学习到了重分发的外部路由，但是在路由表中被标记为"N2"，表示 NSSA 外部路由，即通过 7 类 LSA 学习到的。

```
RB#show ip ospf database nssa – external

            OSPF Router with ID (192. 168. 30. 10) (Process ID 10)

            NSSA – external Link States (Area 0. 0. 0. 1 [NSSA])

    LS age:179
    Options:0x8 (* | – | – | – |N/P| – | – | – | – )
    LS Type:AS – NSSA – LSA
    Link State ID:172. 16. 1. 0 (External Network Number For NSSA)
    Advertising Router:192. 168. 20. 2
    LS Seq Number:80000001
    Checksum:0xb53a
```

Length：36

Network Mask：/24

    Metric Type：2（Larger than any link state path）

    TOS：0

    Metric：30

    NSSA：Forward Address：192.168.20.2

    External Route Tag：0

通过 show ip ospf database nssa-external 命令也可以看到 RB 的 LSDB 中存在 7 类的 NSSA 外部 LSA。

```
RA#show ip route

Codes：C – connected，S – static，R – RIP B – BGP
        O – OSPF，IA – OSPF inter area
        N1 – OSPF NSSA external type 1，N2 – OSPF NSSA external type 2
        E1 – OSPF external type 1，E2 – OSPF external type 2
        i – IS – IS，L1 – IS – IS level – 1，L2 – IS – IS level – 2，ia – IS – IS inter area
        * – candidate default

Gateway of last resort is no set
O E2 172.16.1.0/24［110/30］via 192.168.30.10，00：02：01，FastEthernet 0/0
O IA 192.168.20.0/30［110/2］via 192.168.30.10，00：02：01，FastEthernet 0/0
C    192.168.30.8/29 is directly connected，FastEthernet 0/0
C    192.168.30.9/32 is local host.
```

通过 RA 的路由表可以看到，RA 通过 5 类 LSA 学习到了重分发的外部路由（使用 E2 表示），而不是 7 类 LSA。这是因为 RB 作为 NSSA 区域的 ABR，将 7 类 LSA 转化成了 5 类 LSA 通告到网络中。

【注意事项】

- NSSA 区域中的所有路由器都要配置 area *area – id* nssa 命令。
- 骨干区域 Area 0 不能配置为 NSSA 区域。

【参考配置】

```
RA#show running-config

Building configuration...
Current configuration：631 bytes

!
hostname RA
!
!
```

enable secret 5 ＄1＄db44＄8x67vy78Dz5pq1xD

!

interface FastEthernet 0/0

　ip address 192. 168. 30. 9 255. 255. 255. 248

　duplex auto

　speed auto

!

interface FastEthernet 0/1

　duplex auto

　speed auto

!

!

router ospf 10

　network 192. 168. 30. 8 0. 0. 0. 7 area 0

!

line con 0

line aux 0

line vty 0 4

　login

!

end

RB#show running-config

Building configuration. . .

Current configuration：607 bytes

　!

hostname RB

　!

enable secret 5 　＄1＄db44＄8x67vy78Dz5pq1xD

　!

interface FastEthernet 0/0

　ip address 192. 168. 30. 10 255. 255. 255. 248

　duplex auto

　speed auto

　!

interface FastEthernet 0/1

　ip address 192. 168. 20. 1 255. 255. 255. 252

　duplex auto

　speed auto

　!

router ospf 10

area 1 nssa

　network 192. 168. 20. 0 0. 0. 0. 3 area 1

```
  network 192. 168. 30. 8 0. 0. 0. 7 area 0
!
line con 0
line aux 0
line vty 0 4
 login
!
end

RC#show running-config

Building configuration. . .
Current configuration:623 bytes

!
hostname RC
!
!
enable secret 5  $ 1 $ db44 $ 8x67vy78Dz5pq1xD
!
interface FastEthernet 0/0
 ip address 192. 168. 20. 2 255. 255. 255. 252
 duplex auto
 speed auto
!
interface FastEthernet 0/1
 ip address 192. 168. 10. 1 255. 255. 255. 224
 duplex auto
 speed auto
!
router ospf 10
redistribufe rip metric 30 subnets
 area 1 nssa
 network 192. 168. 20. 0 0. 0. 0. 3 area 1
!
router rip
 version 2
 network 192. 168. 10. 0
 no auto-summary
!
line con 0
line aux 0
line vty 0 4
 login
!
```

```
end

RD#show running-config

Building configuration...
Current configuration：914 bytes

!
hostname RD
!
enable secret 5 ＄1＄db44＄8x67vy78Dz5pq1xD
!
interface FastEthernet 0/0
 ip address 192.168.10.2 255.255.255.224
 duplex auto
 speed auto
!
interface FastEthernet 0/1
 duplex auto
 speed auto
!
interface Loopback 0
 ip address 172.16.1.1 255.255.255.0
!
!
router rip
 version 2
 network 172.16.0.0
 network 192.168.10.0
 no auto-summary
!
!
line con 0
line aux 0
line vty 0 4
 login
!
end
```

实验 7　配置 OSPF 验证

【实验名称】

配置 OSPF 验证。

【实验目的】

理解 OSPF 验证的配置方法作用。

【背景描述】

某公司网络中运行 OSPF 路由协议，管理员为了确保网络中路由信息交换的安全性，需要控制网络中的路由更新只在可信任的路由器之间进行。

【需求分析】

为了保证 OSPF 路由信息交换的安全性，需要使用 OSPF 的验证功能，如果验证不通过，OSPF 路由器之间将不能建立邻居关系。

【实验拓扑】

拓扑如图 2-7 所示。

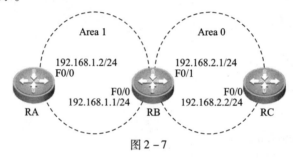

图 2-7

【实验设备】

路由器 3 台

【预备知识】

路由器基本配置知识、OSPF 工作原理

【实验原理】

当启用了 OSPF 验证功能后，只有通过认证的路由器之间才会建立邻居关系并进行路由信息的交换。OSPF 验证包括明文验证和 MD5 密文验证两种方式，本实验中我们在 RA 和 RB 之间使用明文验证，在 RB 和 RC 之间使用 MD5 密文验证。

【实验步骤】

第一步：在路由器上配置 IP 地址

```
RA#configure terminal
RA(config)#interface FastEthernet 0/0
RA(config-if)#ip address 192.168.1.2 255.255.255.0
RA(config-if)#exit

RB#configure terminal
RB(config)#interface FastEthernet 0/0
RB(config-if)#ip address 192.168.1.1 255.255.255.0
```

RB(config-if)#exit

RB(config)#interface FastEthernet 0/1

RB(config-if)#ip address 192. 168. 2. 1 255. 255. 255. 0

RB(config-if)#exit

RC#configure terminal

RC(config)#interface FastEthernet 0/0

RC(config-if)#ip address 192. 168. 2. 2 255. 255. 255. 0

RC(config-if)#exit

第二步：配置 OSPF

RA(config)#router ospf 1

RA(config-router)#network 192. 168. 1. 0 0. 0. 0. 255 area 1

RB(config)#router ospf 1

RB(config-router)#network 192. 168. 1. 0 0. 0. 0. 255 area 1

RB(config-router)#network 192. 168. 2. 0 0. 0. 0. 255 area 0

RC(config)#router ospf 1

RC(config-router)#network 192. 168. 2. 0 0. 0. 0. 255 area 0

第三步：配置 OSPF 验证

RA(config)#interface FastEthernet 0/0

RA(config-if)#ip ospf authentication

！启用接口的明文验证

RA(config-if)# ip ospf authentication-key 123

！配置明文验证的密钥

RB(config)#interface FastEthernet 0/0

RB(config-if)#ip ospf authentication

！启用接口的明文验证

RB(config-if)#ip ospf authentication-key 123

！配置明文验证的密钥

RB(config)#interface FastEthernet 0/1

RB(config-if)#ip ospf authentication message-digest

！启用接口的 MD5 验证

RB(config-if)#ip ospf message-digest-key 1 md5 abc

！配置 MD5 验证的密钥 ID 和密钥

RC(config)#interface FastEthernet 0/0

RC(config-if)#ip ospf authentication message-digest

！启用接口的 MD5 验证

RC(config-if)#ip ospf message-digest-key 1 md5 def

！配置 MD5 验证的密钥 ID 和密钥。注意，这里我们有意配置了与 RB 不同的密钥，这将导致 RB 与 RC 之间不能建立邻居关系

第四步：验证测试

使用 show ip ospf neighbor 命令查看邻居状态：

```
RA#show ip ospf neighbor

OSPF process 1：
Neighbor ID      Pri    State      Dead Time    Address         Interface
192.168.2.1      1      Full/BDR   00:00:32     192.168.1.1     FastEthernet 0/0

RB#show ip ospf neighbor

OSPF process 1：
Neighbor ID      Pri    State      Dead Time    Address         Interface
192.168.1.2      1      Full/DR    00:00:35     192.168.1.2     FastEthernet 0/0

RC#show ip ospf neighbor

OSPF process 1：
Neighbor ID   Pri   State    Dead Time   Address      Interface
```

通过查看 RA、RB 和 RC 的邻居状态，可以看到 RA 和 RB 成功地建立了 FULL 的邻接关系，但是 RB 和 RC 之间没有建立邻接关系，原因是之前我们为 RB 和 RC 相连的接口上配置了不同的密钥。

在 RB 和 RC 上使用 debug ip ospf packet hello 命令打开 Hello 报文的调试功能，可以看到如下调试信息：

```
RB#debug ip ospf packet hello
Feb 23 06:45:05 RB %7:RECV[Hello]:From 192.168.2.2 via FastEthernet 0/1:192.168.2.1
(192.168.2.2 - > 224.0.0.5)
Feb 23 06:45:05 RB %7:RECV[Hello]:From 192.168.2.2 via FastEthernet 0/1:192.168.2.1:
MD5 authentication error

RC#debug ip ospf packet hello
RC#Feb 23 06:54:52 RC %7:SEND[Hello]:To 224.0.0.5 via FastEthernet 0/0:192.168.2.2,
length 60
Feb 23 06:54:57 RC %7:RECV[Hello]:From 192.168.2.1 via FastEthernet 0/0:192.168.2.2
(192.168.2.1 - > 224.0.0.5)
Feb 23 06:54:57 RC %7:RECV[Hello]:From 192.168.2.1 via FastEthernet 0/0:192.168.2.2:
MD5 authentication error
```

通过 RB 和 RC 的调试信息可以看到，由于 MD5 验证失败，导致不能建立邻接关系。

第五步：为 RC 配置正确的密钥

RC(config-if)#ip ospf message-digest-key 1 md5 abc

第六步：验证测试

使用 show ip ospf neighbor 命令查看 RB 和 RC 的邻居状态：

RB#show ip ospf neighbor

OSPF process 1：

Neighbor ID	Pri	State	Dead Time	Address	Interface
192. 168. 1. 2	1	Full/DR	00;00;35	192. 168. 1. 2	FastEthernet 0/0
192. 168. 2. 2	1	Full/DR	00;00;36	192. 168. 2. 2	FastEthernet 0/1

RC#show ip ospf neighbor

OSPF process 1：

Neighbor ID	Pri	State	Dead Time	Address	Interface
192. 168. 2. 1	1	Full/BDR	00;00;40	192. 168. 2. 1	FastEthernet 0/0

通过以上邻居状态信息可以看到，由于 RB 和 RC 配置了相同的密钥，成功地建立了 FULL 的邻接关系。

【注意事项】

- 在配置 OSPF 验证时，需要为链路两端的路由器配置相同的密钥。
- 在配置 MD5 验证时，双方的密钥 ID 和密钥必须都相同。

【参考配置】

RA#show running-config

Building configuration. . .
Current configuration；689 bytes

!
hostname RA
!
enable secret 5 ＄1＄db44＄8x67vy78Dz5pq1xD
!
interface FastEthernet 0/0
 ip ospf authentication
 ip ospf authentication-key 123
 ip address 192. 168. 1. 2 255. 255. 255. 0
 duplex auto
 speed auto
!

```
interface FastEthernet 0/1
 duplex auto
 speed auto
!
!
router ospf 1
 network 192. 168. 1. 0 0. 0. 0. 255 area 1
!
line con 0
line aux 0
line vty 0 4
 login
!
end

RB#show running-config

Building configuration. . .
Current configuration：746 bytes

!
hostname RB
!
enable secret 5  $ 1 $ db44 $ 8x67vy78Dz5pq1xD
!
interface FastEthernet 0/0
 ip ospf authentication
 ip ospf authentication-key 123
 ip address 192. 168. 1. 1 255. 255. 255. 0
 duplex auto
 speed auto
!
interface FastEthernet 0/1
 ip ospf authentication message-digest
 ip ospf message-digest-key 1 md5 abc
 ip address 192. 168. 2. 1 255. 255. 255. 0
 duplex auto
 speed auto
!
router ospf 1
 network 192. 168. 1. 0 0. 0. 0. 255 area 1
 network 192. 168. 2. 0 0. 0. 0. 255 area 0
!
line con 0
line aux 0
```

```
line vty 0 4
 login
!
end

RC#show running-config

Building configuration...
Current configuration：773 bytes

!
hostname RC
!
enable secret 5 ＄1＄db44＄8x67vy78Dz5pq1xD
!
interface FastEthernet 0/0
 ip ospf authentication message-digest
 ip ospf message-digest-key 1 md5 abc
 ip address 192. 168. 2. 2 255. 255. 255. 0
 duplex auto
 speed auto
!
interface FastEthernet 0/1
 duplex auto
 speed auto
!
router ospf 1
 network 192. 168. 2. 0 0. 0. 0. 255 area 0
!
line con 0
line aux 0
line vty 0 4
 login
!
end
```

实验 8　配置 OSPF 虚链路

【实验名称】

配置 OSPF 虚链路。

【实验目的】

理解 OSPF 虚链路（Virtual Link）的配置及作用。

【背景描述】

某公司网络运行 OSPF 路由协议进行路由信息的交换，拓扑如图 2-8 所示。RA 属于 Area 100，SW1 和 SW2 作为 ABR 分别连接 Area 0 和 Area 100。由于 SW1 和 SW2 之间的链路属于 Area 0，如果该链路断开出现故障，会导致骨干区域 Area 0 被分割开，这将产生两个骨干区域，并且导致路由信息交换出现问题。

【需求分析】

为了解决由于链路故障出现分段区域的现象，可以在 SW1 和 SW2 之间配置 OSPF 虚链路。这样当 SW1 和 SW2 之间的链路因故障断开时，虚链路作为一个逻辑的链路能够将分开的 Area 0 重新衔接起来，并且使 Area 0 中的路由器能够通过虚链路通告和学习路由信息。

【实验拓扑】

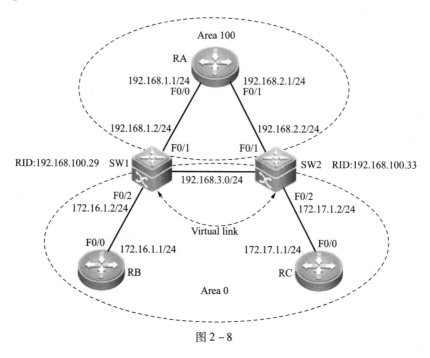

图 2-8

【实验设备】

路由器 3 台
三层交换机 2 台（可用路由器替代）

【预备知识】

路由器基本配置知识、OSPF 基本原理、OSPF 虚链路工作原理

【实验原理】

虚链路是两个 ABR 之间的虚拟逻辑链路。当骨干区域由于链路故障被分割为两个区域时，可以使用虚链路重新将分开的骨干区域进行衔接，以避免产生路由信息交换的问题。此外，

OSPF 的设计要求所有非骨干区域都与骨干区域相连，当某个区域没有与骨干区域相连时，将导致路由信息不能被正常通告和接收，这时也可以使用虚链路建立一条逻辑的连接，使该区域与骨干区域相连。

【实验步骤】

第一步：配置 IP 地址

```
RA#configure terminal
RA(config)#interface FastEthernet 0/0
RA(config-if)#ip address 192.168.1.1 255.255.255.0
RA(config-if)#exit
RA(config)#interface FastEthernet 0/1
RA(config-if)#ip address 192.168.2.1 255.255.255.0
RA(config-if)#exit


SW1#configure terminal
SW1(config)#interface FastEthernet 0/1
SW1(config-if)#no switchport
SW1(config-if)#ip address 192.168.1.2 255.255.255.0
SW1(config-if)#exit
SW1(config)#interface FastEthernet 0/2
SW1(config-if)#no switchport
SW1(config-if)#ip address 172.16.1.2 255.255.255.0
SW1(config-if)#exit
SW1(config)#interface FastEthernet 0/3
SW1(config-if)#no switchport
SW1(config-if)#ip address 192.168.3.1 255.255.255.0
SW1(config-if)#exit


SW2#configure terminal
SW2(config)#interface FastEthernet 0/1
SW2(config-if)#no switchport
SW2(config-if)#ip address 192.168.2.2 255.255.255.0
SW2(config-if)#exit
SW2(config)#interface FastEthernet 0/2
SW2(config-if)#no switchport
SW2(config-if)#ip address 172.17.1.2 255.255.255.0
SW2(config-if)#exit
SW2(config)#interface FastEthernet 0/3
SW2(config-if)#no switchport
SW2(config-if)#ip address 192.168.3.2 255.255.255.0
SW2(config-if)#exit


RB#configure terminal
RB(config)#interface FastEthernet 0/0
```

RB(config-if)#ip address 172. 16. 1. 1 255. 255. 255. 0

RB(config-if)#exit

RC#configure terminal

RC(config)#interface FastEthernet 0/0

RC(config-if)#ip address 172. 17. 1. 1 255. 255. 255. 0

RC(config-if)#exit

第二步：配置 OSPF

RA(config)#router ospf 1

RA(config-router)#network 192. 168. 1. 0 0. 0. 0. 255 area 100

RA(config-router)#network 192. 168. 2. 0 0. 0. 0. 255 area 100

SW1(config)#router ospf 1

SW1(config-router)#network 172. 16. 1. 0 0. 0. 0. 255 area 0

SW1(config-router)#network 192. 168. 1. 0 0. 0. 0. 255 area 100

SW1(config-router)#network 192. 168. 3. 0 0. 0. 0. 255 area 0

SW2(config)#router ospf 1

SW2(config-router)#network 172. 17. 1. 0 0. 0. 0. 255 area 0

SW2(config-router)#network 192. 168. 2. 0 0. 0. 0. 255 area 100

SW2(config-router)#network 192. 168. 3. 0 0. 0. 0. 255 area 100

RB(config)#router ospf 1

RB(config-router)#network 172. 16. 1. 0 0. 0. 0. 255 area 0

RC(config)#router ospf 1

RC(config-router)#network 172. 17. 1. 0 0. 0. 0. 255 area 0

第三步：查看路由信息

在 RC 上使用 show ip route 命令查看路由表：

RC#show ip route

Codes:C – connected,S – static,R – RIP B – BGP

    O – OSPF,IA – OSPF inter area

    N1 – OSPF NSSA external type 1,N2 – OSPF NSSA external type 2

    E1 – OSPF external type 1,E2 – OSPF external type 2

    i – IS – IS,L1 – IS – IS level – 1,L2 – IS – IS level – 2,ia – IS – IS inter area

    * – candidate default

Gateway of last resort is no set

O   172. 16. 1. 0/24 [110/3] via 172. 17. 1. 2,00:08:02,FastEthernet 0/0

C   172. 17. 1. 0/24 is directly connected,FastEthernet 0/0

C　　172. 17. 1. 1/32 is local host.

O IA 192. 168. 1. 0/24 [110/3] via 172. 17. 1. 2,00:08:02,FastEthernet 0/0

O IA 192. 168. 2. 0/24 [110/2] via 172. 17. 1. 2,00:08:02,FastEthernet 0/0

O　　192. 168. 3. 0/24 [110/2] via 172. 17. 1. 2,00:08:02,FastEthernet 0/0

从 RC 的路由表可以看到，RC 通过 OSPF 学习到了所有其他子网的信息。

将 SW1 和 SW2 之间的链路断开，再使用 show ip route 命令查看 RC 上的路由表：

RC#show ip route

Codes:C – connected,S – static,R – RIP B – BGP

　　　　O – OSPF,IA – OSPF inter area

　　　　N1 – OSPF NSSA external type 1,N2 – OSPF NSSA external type 2

　　　　E1 – OSPF external type 1,E2 – OSPF external type 2

　　　　i – IS – IS,L1 – IS – IS level – 1,L2 – IS – IS level – 2,ia – IS – IS inter area

　　　　* – candidate default

Gateway of last resort is no set

C　　172. 17. 1. 0/24 is directly connected,FastEthernet 0/0

C　　172. 17. 1. 1/32 is local host.

O IA 192. 168. 1. 0/24 [110/3] via 172. 17. 1. 2,00:08:50,FastEthernet 0/0

O IA 192. 168. 2. 0/24 [110/2] via 172. 17. 1. 2,00:08:50,FastEthernet 0/0

从路由表信息可以看到，当路由器 SW1 和 SW2 之间的物理链路断开后，路由器 RC 只能学习到部分子网的路由信息，无法学习到 172. 16. 1. 0/24 子网的路由信息，因为该子网处于被分开的另一个骨干区域中。

第四步：配置虚链路

　　　　SW1(config)#router ospf 1

　　　　SW1(config-router)#router-id 192. 168. 100. 29

　　　　! 配置 SW1 的 Router-ID 为 192. 168. 100. 29

　　　　SW1(config-router)#area 100 virtual-link 192. 168. 100. 33

　　　　! 配置到 192. 168. 100. 33(SW2 的 Router-ID)的虚链路

　　　　SW2(config)#router ospf 1

　　　　SW2(config-router)#router-id 192. 168. 100. 33

　　　　! 配置 SW2 的 Router-ID 为 192. 168. 100. 33

　　　　SW2(config-router)area 100 virtual-link 192. 168. 100. 29

　　　　! 配置到 192. 168. 100. 29(SW1 的 Router-ID)的虚链路

第五步：验证测试

使用命令 show ip route 查看路由表：

RC#show ip route

```
Codes:C – connected,S – static,R – RIP B – BGP
       O – OSPF,IA – OSPF inter area
       N1 – OSPF NSSA external type 1,N2 – OSPF NSSA external type 2
       E1 – OSPF external type 1,E2 – OSPF external type 2
       i – IS – IS,L1 – IS – IS level – 1,L2 – IS – IS level – 2,ia – IS – IS inter area
       * – candidate default

Gateway of last resort is no set
O       172.16.1.0/24 [110/4] via 172.17.1.2,00:00:09,FastEthernet 0/0
C       172.17.1.0/24 is directly connected,FastEthernet 0/0
C       172.17.1.1/32 is local host.
O IA 192.168.1.0/24 [110/3] via 172.17.1.2,00:03:40,FastEthernet 0/0
O IA 192.168.2.0/24 [110/2] via 172.17.1.2,00:03:42,FastEthernet 0/0
```

从 RC 的路由表可以看到，当配置完虚链路后，RC 能够学习到所有其他子网的路由信息，包括 172.16.1.0/24。需要注意的是，172.16.1.0/24 的路由信息使用"O"进行标识，这表示该路由是一条区域内路由，这是因为 OSPF 将虚链路看做是骨干区域 Area 0 的一部分。

在 SW1 上使用 show ip ospf neighbor 命令查看邻居状态：

```
SW1#show ip ospf neighbor

OSPF process 10:
Neighbor ID      Pri    State      Dead Time     Address          Interface
10.1.1.1         1      Full/DR    00:00:33      172.16.1.1       FastEthernet 0/2
192.168.2.1      1      Full/DR    00:00:30      192.168.1.1      FastEthernet 0/1
192.168.100.33   1      Full/ –    00:00:35      192.168.2.2      VLINK0
```

从 SW1 的邻居状态信息可以看到，SW1 和 SW2 通过虚链路建立了 FULL 的邻接关系。

【注意事项】

- 在配置虚链路时，需要指定虚链路对端的 Router – ID，而不是对端的接口地址。
- 虚链路配置在 ABR 之间。

【参考配置】

```
RA#show running-config

Building configuration...
Current configuration:607 bytes

!
hostname RA
!
```

```
enable secret 5  $ 1 $ db44 $ 8x67vy78Dz5pq1xD
!
interface FastEthernet 0/0
 ip address 192. 168. 1. 1 255. 255. 255. 0
 duplex auto
 speed auto
!
interface FastEthernet 0/1
 ip address 192. 168. 2. 1 255. 255. 255. 0
 duplex auto
 speed auto
!
router ospf 100
 network 192. 168. 1. 0 0. 0. 0. 255 area 100
 network 192. 168. 2. 0 0. 0. 0. 255 area 100
!
line con 0
line aux 0
line vty 0 4
 login
!
End


SW1#show running-config

Building configuration. . .
Current configuration:1503 bytes

!
hostname SW1
!
vlan 1
!
!
interface FastEthernet 0/1
 no switchport
 ip address 192. 168. 1. 2 255. 255. 255. 0
!
interface FastEthernet 0/2
 no switchport
 ip address 172. 16. 1. 2 255. 255. 255. 0
!
interface FastEthernet 0/3
 no switchport
 ip address 192. 168. 3. 1 255. 255. 255. 0
```

```
!
interface FastEthernet 0/4
!
interface FastEthernet 0/5
!
interface FastEthernet 0/6
!
interface FastEthernet 0/7
!
interface FastEthernet 0/8
!
interface FastEthernet 0/9
!
interface FastEthernet 0/10
!
interface FastEthernet 0/11
!
interface FastEthernet 0/12
!
interface FastEthernet 0/13
!
interface FastEthernet 0/14
!
interface FastEthernet 0/15
!
interface FastEthernet 0/16
!
interface FastEthernet 0/17
!
interface FastEthernet 0/18
!
interface FastEthernet 0/19
!
interface FastEthernet 0/20
!
interface FastEthernet 0/21
!
interface FastEthernet 0/22
!
interface FastEthernet 0/23
!
interface FastEthernet 0/24
!
interface GigabitEthernet 0/25
!
```

```
interface GigabitEthernet 0/26
!
interface GigabitEthernet 0/27
!
interface GigabitEthernet 0/28
!
!
router ospf 1
  router-id 192. 168. 100. 29
  network 172. 16. 1. 0 0. 0. 0. 255 area 0
  network 192. 168. 1. 0 0. 0. 0. 255 area 100
  network 192. 168. 3. 0 0. 0. 0. 255 area 0
  area 100 virtual-link 192. 168. 100. 33
!
!
line con 0
line vty 0 4
  login
!
!
end
```

SW2#show running-config

Building configuration. . .
Current configuration:1503 bytes

```
!
hostname SW2
!
vlan 1
!
!
interface FastEthernet 0/1
  no switchport
  ip address 192. 168. 2. 2 255. 255. 255. 0
!
interface FastEthernet 0/2
  no switchport
  ip address 172. 17. 1. 2 255. 255. 255. 0
!
interface FastEthernet 0/3
  no switchport
  ip address 192. 168. 3. 2 255. 255. 255. 0
```

```
!
interface FastEthernet 0/4
!
interface FastEthernet 0/5
!
interface FastEthernet 0/6
!
interface FastEthernet 0/7
!
interface FastEthernet 0/8
!
interface FastEthernet 0/9
!
interface FastEthernet 0/10
!
interface FastEthernet 0/11
!
interface FastEthernet 0/12
!
interface FastEthernet 0/13
!
interface FastEthernet 0/14
!
interface FastEthernet 0/15
!
interface FastEthernet 0/16
!
interface FastEthernet 0/17
!
interface FastEthernet 0/18
!
interface FastEthernet 0/19
!
interface FastEthernet 0/20
!
interface FastEthernet 0/21
!
interface FastEthernet 0/22
!
interface FastEthernet 0/23
!
interface FastEthernet 0/24
!
interface GigabitEthernet 0/25
!
```

```
interface GigabitEthernet 0/26
!
interface GigabitEthernet 0/27
!
interface GigabitEthernet 0/28
!
!
router ospf 1
  router-id 192. 168. 100. 33
  network 172. 17. 1. 0 0. 0. 0. 255 area 0
  network 192. 168. 2. 0 0. 0. 0. 255 area 100
  network 192. 168. 3. 0 0. 0. 0. 255 area 0
  area 100 virtual-link 192. 168. 100. 29
!
line con 0
line vty 0 4
  login
!
!
end
```

RB#show running-config

Building configuration. . .
Current configuration:619 bytes

```
!
hostname RB
!
!
enable secret 5  $ 1 $ db44 $ 8x67vy78Dz5pq1xD
!
interface FastEthernet 0/0
  ip address 172. 16. 1. 1 255. 255. 255. 0
  duplex auto
  speed auto
!
interface FastEthernet 0/1
  duplex auto
  speed auto
!
router ospf 1
  network 172. 16. 1. 0 0. 0. 0. 255 area 0
!
!
```

```
line con 0
line aux 0
line vty 0 4
 login
!
end


RC#show running-config

Building configuration...
Current configuration:619 bytes
!
hostname RC
!
enable secret 5  $ 1 $ db44 $ 8x67vy78Dz5pq1xD
!
interface FastEthernet 0/0
 ip address 172. 17. 1. 1 255. 255. 255. 0
 duplex auto
 speed auto
!
interface FastEthernet 0/1
 duplex auto
 speed auto
!
router ospf 1
 network 172. 17. 1. 0 0. 0. 0. 255  area 0
!
line con 0
line aux 0
line vty 0 4
 login
!
end
```

第三章 IS–IS 路由协议实验

实验 1 IS–IS 单区域配置

【实验名称】

配置单区域 IS–IS。

【实验目的】

在单区域的 IS–IS 网络中交换路由选择信息。

【背景描述】

某个小型企业中，通过三台路由器实现子网间的互联，网络工程师希望使用 IS–IS 协议建立一个非层次的简单的路由拓扑结构，以实现路由选择信息的交换。

【需求分析】

如果使用单区域的 IS–IS 路由拓扑结构，需要将所有的路由器都部署在同一个区域中。

【实验拓扑】

拓扑如图 3–1 所示。

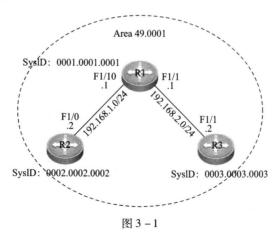

图 3–1

【实验设备】

路由器 3 台

【预备知识】

路由器基本配置

路由选择原理

IS – IS 工作原理

【实验原理】

当所有 IS – IS 路由器都属于同一个区域时，这时就构成了一个单区域的 IS – IS 路由拓扑。这个单一的区域可以是 L1 区域，也可以是 L2 区域。在本实验中将所有路由器都配置为 L1 路由器，因此组成了一个 L1 区域。

【实验步骤】

第一步：配置路由器接口的 IP 地址

R1#configure terminal

R1（config）#interface fastEthernet 1/0

R1（config-if）#ip address 192. 168. 1. 1 255. 255. 255. 0

R1（config-if）#exit

R1（config）#interface fastEthernet 1/1

R1（config-if）#ip address 192. 168. 2. 1 255. 255. 255. 0

R1（config-if）#exit

R1（config）#

R2#configure terminal

R2（config）#interface fastEthernet 1/0

R2（config-if）#ip address 192. 168. 1. 2 255. 255. 255. 0

R2（config-if）#exit

R2（config）#

R3#configure terminal

R3（config）#interface fastEthernet 1/1

R3（config-if）#ip address 192. 168. 2. 2 255. 255. 255. 0

R3（config-if）#exit

R3（config）#

第二步：配置 IS – IS 协议

R1（config）#router isis

R1（config-router）#net 49. 0001. 0001. 0001. 0001. 00

！配置 NET 地址

R1（config-router）#is-type level-1

！配置路由器类型为 L1

R1（config-router）#exit

R1（config）#interface fastEthernet 1/0

R1（config-if）#ip router isis

！在接口启用 IS – IS 协议

R1（config-if）#isis circuit-type level-1

！配置链路类型为 L1

R1（config-if）#exit

R1（config）#interface fastEthernet 1/1

R1（config-if）#ip router isis

R1（config-if）#isis circuit-type level-1

R1（config-if）#exit

R1（config）#

R2（config）#router isis

R2（config-router）#net 49.0001.0002.0002.0002.00

R2（config-router）#is-type level-1

R2（config-router）#exit

R2（config）#interface fastEthernet 1/0

R2（config-if）#ip router isis

R2（config-if）#isis circuit-type level-1

R2（config-if）#exit

R2（config）#

R3（config）#router isis

R3（config-router）#net 49.0001.0003.0003.0003.00

R3（config-router）#is-type level-1

R3（config-router）#exit

R3（config）#interface fastEthernet 1/1

R3（config-if）#ip router isis

R3（config-if）#isis circuit-type level-1

R3（config-if）#exit

R3（config）#

第三步：验证测试

在 R1、R2、R3 上分别查看邻居状态信息：

R1#show isis neighbors

Area（null）：

System Id	Interface	State	Type	Priority	Circuit Id
0003.0003.0003	FastEthernet 1/1	Up	L1	64	0001.0001.0001.02
0002.0002.0002	FastEthernet 1/0	Up	L1	64	0002.0002.0002.01

R2#show isis neighbors

Area（null）：

System Id	Interface	State	Type	Priority	Circuit Id
0001.0001.0001	FastEthernet 1/0	Up	L1	64	0002.0002.0002.01

R3#show isis neighbors

Area（null）：

System Id	Interface	State	Type	Priority	Circuit Id
0001. 0001. 0001	FastEthernet 1/1	Up	L1	64	0001. 0001. 0001. 02

通过显示信息可以看到，R1 分别与 R2 和 R3 都建立了 L1 邻接关系。

第四步：验证测试

在 R2、R3 上分别查看路由表信息：

R2#show ip route

Codes：C - connected，S - static，R - RIP B - BGP

O - OSPF，IA - OSPF inter area

N1 - OSPF NSSA external type 1，N2 - OSPF NSSA external type 2

E1 - OSPF external type 1，E2 - OSPF external type 2

i - IS - IS，su - IS - IS summary，L1 - IS - IS level - 1，L2 - IS - IS level - 2

ia - IS - IS inter area，* - candidate default

Gateway of last resort is no set

C　192. 168. 1. 0/24 is directly connected，FastEthernet 1/0

C　192. 168. 1. 2/32 is local host.

i L1 192. 168. 2. 0/24[115/20]via 192. 168. 1. 1,00:32:08,FastEthernet 1/0

R3#show ip route

Codes：C - connected，S - static，R - RIP B - BGP

O - OSPF，IA - OSPF inter area

N1 - OSPF NSSA external type 1，N2 - OSPF NSSA external type 2

E1 - OSPF external type 1，E2 - OSPF external type 2

i - IS - IS，su - IS - IS summary，L1 - IS - IS level - 1，L2 - IS - IS level - 2

ia - IS - IS inter area，* - candidate default

Gateway of last resort is no set

i L1 192. 168. 1. 0/24[115/20]via 192. 168. 2. 1,00:31:09,FastEthernet 1/1

C　192. 168. 2. 0/24 is directly connected，FastEthernet 1/1

C　192. 168. 2. 2/32 is local host.

从路由表信息可以看出，R2 与 R3 已经通过 IS - IS 学习到了 L1 区域内路由 192. 168. 2. 0/24 与 192. 168. 1. 0/24。

【注意事项】

全局启用 IS - IS 后，还需要在接口启用 IS - IS 协议，这与其他路由协议的配置方式略有差别。

【参考配置】

R1#show running-config

Building configuration. . .
Current configuration:751 bytes

!
hostname R1
!
!
no service password-encryption
!
!
interface serial 1/2
  clock rate 64000
!
interface serial 1/3
  clock rate 64000
!
interface FastEthernet 1/0
  ip address 192. 168. 1. 1 255. 255. 255. 0
  ip router isis
  isis circuit-type level-1
  duplex auto
  speed auto
!
interface FastEthernet 1/1
  ip address 192. 168. 2. 1 255. 255. 255. 0
  ip router isis
  isis circuit-type level-1
  duplex auto
  speed auto
!
router isis
  is-type level-1
  net 49. 0001. 0001. 0001. 0001. 00
!
line con 0
line aux 0
line vty 0 4
  login
!
end

```
R2#show running-config

Building configuration. . .
Current configuration:667 bytes

!
hostname R2
no service password-encryption
interface serial 1/2
  clock rate 64000
!
interface serial 1/3
  clock rate 64000
!
interface FastEthernet 1/0
  ip address 192. 168. 1. 2 255. 255. 255. 0
  ip router isis
  isis circuit-type level-1
  duplex auto
  speed auto
!
interface FastEthernet 1/1
  duplex auto
  speed auto
!
router isis
  is-type level-1
  net 49. 0001. 0002. 0002. 0002. 00
!
line con 0
line aux 0
line vty 0 4
  login
!
end


R3#show running-config

Building configuration. . .
Current configuration:667 bytes

!
hostname R3
no service password-encryption
!
```

```
                    interface serial 1/2
                      clock rate 64000
                    !
                    interface serial 1/3
                      clock rate 64000
                    !
                    interface FastEthernet 1/0
                      duplex auto
                      speed auto
                    !
                    interface FastEthernet 1/1
                      ip address 192. 168. 2. 2 255. 255. 255. 0
                      ip router isis
                      isis circuit-type level-1
                      duplex auto
                      speed auto
                    !
                    router isis
                      is-type level-1
                      net 49. 0001. 0003. 0003. 0003. 00
                    !
                    line con 0
                    line aux 0
                    line vty 0 4
                      login
                    !
                    !
                    end
```

实验 2　配置多区域 IS - IS

【实验名称】

配置多区域 IS - IS。

【实验目的】

在多区域的分层 IS - IS 网络中交换路由选择信息。

【背景描述】

某服务提供商的内部网络中，为了提高路由协议的运行效率和网络的稳定性，网络工程师希望使用 IS - IS 协议建立一个分层次的路由拓扑结构，以实现路由选择信息的交换。

【需求分析】

在多区域的 IS – IS 路由拓扑结构中，需要构建 L1 和 L2 区域。

【实验拓扑】

拓扑如图 3 – 2 所示。

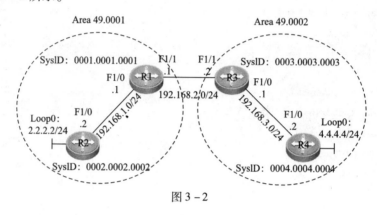

图 3 – 2

【实验设备】

路由器 4 台

【预备知识】

路由器基本配置

路由选择原理

IS – IS 工作原理

【实验原理】

在一个多区域的 IS – IS 网络中，区域内的路由器只需作为单纯的 L1 路由器即可，同一区域的路由器要具有相同的区域 ID。对于连接到其他区域的边界路由器，需要同时具有 L1 与 L2 功能，即作为 L1/2 路由器。具有 L2 功能的路由器（L1/2 路由器）组成了多区域网络中的骨干区域。

【实验步骤】

第一步：配置路由器接口的 IP 地址

```
R1#configure terminal
R1(config)#interface fastEthernet 1/0
R1(config-if)#ip address 192. 168. 1. 1 255. 255. 255. 0
R1(config-if)#exit
R1(config)#interface fastEthernet 1/1
R1(config-if)#ip address 192. 168. 2. 1 255. 255. 255. 0
R1(config-if)#exit
R1(config)#

R2#configure terminal
```

R2（config）#interface fastEthernet 1/0

R2（config-if）#ip address 192. 168. 1. 2 255. 255. 255. 0

R2（config）#interface loopback0

R2（config-if）#ip address 2. 2. 2. 2 255. 255. 255. 0

R2（config-if）#exit

R2（config）#

R3#configure terminal

R3（config）#interface fastEthernet 1/0

R3（config-if）#ip address 192. 168. 3. 1 255. 255. 255. 0

R3（config-if）#exit

R3（config）#interface fastEthernet 1/1

R3（config-if）#ip address 192. 168. 2. 2 255. 255. 255. 0

R3（config-if）#exit

R3（config）#

R4#configure terminal

R4（config）#interface fastEthernet 1/0

R4（config-if）#ip address 192. 168. 3. 2 255. 255. 255. 0

R4（config）#interface loopback0

R4（config-if）#ip address 4. 4. 4. 4 255. 255. 255. 0

R4（config-if）#exit

R4（config）#

第二步：配置 IS－IS 协议

R1（config）#router isis

R1（config-router）#net 49. 0001. 0001. 0001. 0001. 00

！配置 NET 地址

R1（config-router）#exit

R1（config）#interface fastEthernet 1/0

R1（config-if）#ip router isis

！在接口启用 IS－IS 协议

R1（config-if）#exit

R1（config）#interface fastEthernet 1/1

R1（config-if）#ip router isis

R1（config-if）#isis circuit-type level-2-only

！配置链路类型为 L2

R1（config-if）#exit

R1（config）#

R2（config）#router isis

R2（config-router）#net 49. 0001. 0002. 0002. 0002. 00

R2（config-router）#is-type level-1

！配置路由器类型为 L1

R2（config-router）#exit

R2（config）#interface fastEthernet 1/0

R2（config-if）#ip router isis

R2（config-if）#isis circuit-type level-1

R2（config-if）#exit

R2（config）#interface loopback0

R2（config-if）#ip router isis

！在 loopback 接口启用 IS－IS

R2（config-if）#isis circuit-type level-1

R2（config-if）#exit

R2（config）#

R3（config）#router isis

R3（config-router）#net 49. 0002. 0003. 0003. 0003. 00

R3（config-router）#exit

R3（config）#interface fastEthernet 1/0

R3（config-if）#ip router isis

R3（config-if）#exit

R3（config）#interface fastEthernet 1/1

R3（config-if）#ip router isis

R3（config-if）#isis circuit-type level-2-only

R3（config-if）#exit

R3（config）#

R4（config）#router isis

R4（config-router）#net 49. 0002. 0004. 0004. 0004. 00

R4（config-router）#is-type level-1

R4（config-router）#exit

R4（config）#interface fastEthernet 1/0

R4（config-if）#ip router isis

R4（config-if）#isis circuit-type level-1

R4（config-if）#exit

R4（config）#interface loopback0

R4（config-if）#ip router isis

R4（config-if）#isis circuit-type level-1

R4（config-if）#exit

R4（config）#

第三步：验证测试

在 R1、R2、R3、R4 上分别查看邻居状态信息：

R1#show isis neighbors

Area（null）:

System Id	Interface	State	Type	Priority	Circuit Id
0003. 0003. 0003	FastEthernet 1/1	Up	L2	64	0001. 0001. 0001. 02
0002. 0002. 0002	FastEthernet 1/0	Up	L1	64	0002. 0002. 0002. 01

R2#show isis neighbors

Area(null):

System Id	Interface	State	Type	Priority	Circuit Id
0001.0001.0001	FastEthernet 1/0	Up	L1	64	0002.0002.0002.01

R3#show isis neighbors

Area(null):

System Id	Interface	State	Type	Priority	Circuit Id
0001.0001.0001	FastEthernet 1/1	Up	L2	64	0001.0001.0001.02
0004.0004.0004	FastEthernet 1/0	Up	L1	64	0004.0004.0004.01

R4#sh isis neighbors

Area(null):

System Id	Interface	State	Type	Priority	Circuit Id
0003.0003.0003	FastEthernet 1/0	Up	L1	64	0004.0004.0004.01

通过显示信息可以看到，R1 与 R2 间建立了 L1 邻接关系，R3 与 R4 间建立了 L1 邻接关系，R1 与 R3 间建立了 L2 邻接关系。

第四步：验证测试

在 R1、R2、R3、R4 上分别查看路由表信息：

R1#show ip route

Codes:C – connected,S – static,R – RIP B – BGP

O – OSPF,IA – OSPF inter area

N1 – OSPF NSSA external type 1,N2 – OSPF NSSA external type 2

E1 – OSPF external type 1,E2 – OSPF external type 2

i – IS – IS,su – IS – IS summary,L1 – IS – IS level – 1,L2 – IS – IS level – 2

ia – IS – IS inter area, * – candidate default

Gateway of last resort is no set

i L1 2.2.2.0/24[115/20]via 192.168.1.2,00:00:09,FastEthernet 1/0

i L2 4.4.4.0/24[115/30]via 192.168.2.2,00:31:15,FastEthernet 1/1

C　　192.168.1.0/24 is directly connected,FastEthernet 1/0

C　　192.168.1.1/32 is local host.

C　　192.168.2.0/24 is directly connected,FastEthernet 1/1

C　　192.168.2.1/32 is local host.

i L2 192.168.3.0/24[115/20]via 192.168.2.2,00:00:27,FastEthernet 1/1

通过 R1 的路由表可以看出，R1 通过区域内路由 L1 学习到了 R2 的 Loopback 接口的路由信息；通过骨干区域 L2 学习到了 R4 的 Loopback 接口的路由信息和 R3 与 R4 间链路的路由信息。

> R2#show ip route
>
> Codes：C – connected，S – static，R – RIP B – BGP
>
>   O – OSPF，IA – OSPF inter area
>
>   N1 – OSPF NSSA external type 1，N2 – OSPF NSSA external type 2
>
>   E1 – OSPF external type 1，E2 – OSPF external type 2
>
>   i – IS – IS，su – IS – IS summary，L1 – IS – IS level – 1，L2 – IS – IS level – 2
>
>   ia – IS – IS inter area，* – candidate default
>
> Gateway of last resort is 192. 168. 1. 1 to network 0. 0. 0. 0
>
> **i * L1 0. 0. 0. 0/0[115/10] via 192. 168. 1. 1，00：03：37，FastEthernet 1/0**
>
> C 2. 2. 2. 0/24 is directly connected，Loopback 0
>
> C 2. 2. 2. 2/32 is local host.
>
> C 192. 168. 1. 0/24 is directly connected，FastEthernet 1/0
>
> C 192. 168. 1. 2/32 is local host.

  通过 R2 的路由表可以看出，R2 通过区域内路由 L1 学习到了一条默认路由，下一跳为 R1。默认情况下，IS – IS 的所有 L1 区域都为末节（Stub）区域，发往其他区域的数据都会发送到最近的 L1/2 路由器上，所以 L1 区域内的路由器将安装一条默认路由到路由表中。

> R3#show ip route
>
> Codes：C – connected，S – static，R – RIP B – BGP
>
>   O – OSPF，IA – OSPF inter area
>
>   N1 – OSPF NSSA external type 1，N2 – OSPF NSSA external type 2
>
>   E1 – OSPF external type 1，E2 – OSPF external type 2
>
>   i – IS – IS，su – IS – IS summary，L1 – IS – IS level – 1，L2 – IS – IS level – 2
>
>   ia – IS – IS inter area，* – candidate default
>
> Gateway of last resort is no set
>
> **i L2 2. 2. 2. 0/24[115/30] via 192. 168. 2. 1，00：07：30，FastEthernet 1/1**
>
> **i L1 4. 4. 4. 0/24[115/20] via 192. 168. 3. 2，00：07：45，FastEthernet 1/0**
>
> **i L2 192. 168. 1. 0/24[115/20] via 192. 168. 2. 1，00：08：30，FastEthernet 1/1**
>
> C 192. 168. 2. 0/24 is directly connected，FastEthernet 1/1
>
> C 192. 168. 2. 2/32 is local host.
>
> C 192. 168. 3. 0/24 is directly connected，FastEthernet 1/0
>
> C 192. 168. 3. 1/32 is local host.

  通过 R3 的路由表可以看出，R3 通过区域内路由 L1 学习到了 R4 的 Loopback 接口的路由信息；通过骨干区域 L2 学习到了 R2 的 Loopback 接口的路由信息和 R1 与 R2 间链路的路由信息。

> R4#show ip route

Codes:C – connected,S – static,R – RIP B – BGP

　　　　O – OSPF,IA – OSPF inter area

　　　　N1 – OSPF NSSA external type 1,N2 – OSPF NSSA external type 2

　　　　E1 – OSPF external type 1,E2 – OSPF external type 2

　　　　i – IS – IS,su – IS – IS summary,L1 – IS – IS level – 1,L2 – IS – IS level – 2

　　　　ia – IS – IS inter area, * – candidate default

Gateway of last resort is 192. 168. 3. 1 to network 0. 0. 0. 0

i * L1 0. 0. 0. 0/0[115/10]via 192. 168. 3. 1,00:08:52,FastEthernet 1/0

C　　4. 4. 4. 0/24 is directly connected,Loopback 0

C　　4. 4. 4. 4/32 is local host.

C　　192. 168. 3. 0/24 is directly connected,FastEthernet 1/0

C　　192. 168. 3. 2/32 is local host.

　　通过 R4 的路由表可以看出,R4 与 R2 一样,通过区域内路由 L1 学习到了一条默认路由,下一跳为 R3。

【备注事项】

　　全局启用 IS – IS 后,还需要在接口启用 IS – IS 协议,这与其他路由协议的配置方式略有差别,对于 Loopback 接口也需要这样做。

【参考配置】

```
R1#show running-config

Building configuration. . .
Current configuration:710 bytes

!
hostname R1
!
no service password-encryption
interface serial 1/2
  clock rate 64000
!
interface serial 1/3
  clock rate 64000
!
interface FastEthernet 1/0
  ip address 192. 168. 1. 1 255. 255. 255. 0
  ip router isis
  duplex auto
  speed auto
!
interface FastEthernet 1/1
```

```
    ip address 192. 168. 2. 1 255. 255. 255. 0
    ip router isis
    isis circuit-type level-2-only
    duplex auto
    speed auto
!
router isis
    net 49. 0001. 0001. 0001. 0001. 00
!
line con 0
line aux 0
line vty 0 4
    login
end
```

R2#show running-config

```
Building configuration. . .
Current configuration：772 bytes

!
hostname R2
!
no service password-encryption
!
interface serial 1/2
    clock rate 64000
!
interface serial 1/3
    clock rate 64000
!
interface FastEthernet 1/0
    ip address 192. 168. 1. 2 255. 255. 255. 0
    ip router isis
    isis circuit-type level-1
    duplex auto
    speed auto
!
interface FastEthernet 1/1
    duplex auto
    speed auto
!
interface Loopback 0
    ip address 2. 2. 2. 2 255. 255. 255. 0
    ip router isis
```

```
  isis circuit-type level-1
!
router isis
 is-type level-1
 net 49. 0001. 0002. 0002. 0002. 00
!
line con 0
line aux 0
line vty 0 4
 login
!
end

R3#show running-config

Building configuration. . .
Current configuration:710 bytes

!
hostname R3
!
no service password-encryption
!
interface serial 1/2
 clock rate 64000
!
interface serial 1/3
 clock rate 64000
!
interface FastEthernet 1/0
 ip address 192. 168. 3. 1 255. 255. 255. 0
 ip router isis
 duplex auto
 speed auto
!
interface FastEthernet 1/1
 ip address 192. 168. 2. 2 255. 255. 255. 0
 ip router isis
 isis circuit-type level-2-only
 duplex auto
 speed auto
!
!
router isis
 net 49. 0002. 0003. 0003. 0003. 00
!
```

```
line con 0
line aux 0
line vty 0 4
 login
!
end

R4#show running-config

Building configuration. . .
Current configuration：772 bytes

!
hostname R4
!
no service password-encryption
!
interface serial 1/2
  clock rate 64000
!
interface serial 1/3
  clock rate 64000
!
interface FastEthernet 1/0
  ip address 192. 168. 3. 2 255. 255. 255. 0
  ip router isis
  isis circuit-type level-1
  duplex auto
  speed auto
!
interface FastEthernet 1/1
  duplex auto
  speed auto
!
interface Loopback 0
  ip address 4. 4. 4. 4 255. 255. 255. 0
  ip router isis
  isis circuit-type level-1
!
router isis
  is-type level-1
  net 49. 0002. 0004. 0004. 0004. 00
!
line con 0
line aux 0
```

```
line vty 0 4
 login
!
end
```

实验 3　配置 IS－IS DIS 选举

【实验名称】

配置 IS－IS DIS 选举。

【实验目的】

使用手工配置影响 DIS 的选举结果。

【背景描述】

在某服务提供商的网络中，使用 IS－IS 来提供路由信息的交换和子网间的互联。但是网络是由一些性能高的高端路由器和一些性能相对低的低端路由器组成的，网络工程师希望性能高的路由器担任广播网络中的 DIS 角色，避免性能低的路由器由于担任 DIS 角色带来过大的运行负担，从而提高网络性能。

【需求分析】

我们可以手工调整接口的 DIS 优先级来影响 DIS 的选举，通过增加希望被选举为 DIS 的路由器的 DIS 优先级或者降低其他路由器的 DIS 优先级来达到此目的。

【实验拓扑】

拓扑如图 3－3 所示。

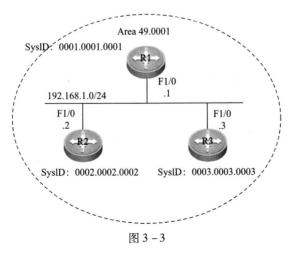

图 3－3

【实验设备】

路由器 3 台

【预备知识】

路由器基本配置

路由选择原理

IS – IS 工作原理

【实验原理】

在 IS – IS 广播网络中，通过比较接口的 DIS 优先级进行 DIS 的选举。具有最大 DIS 优先级的路由器将被选为网段中的 DIS。默认情况下，接口的 DIS 优先级都为 64，所以需要通过比较 SNPA（MAC 地址），SNPA 大的路由器将成为 DIS。在 IS – IS 中，DIS 的选举是抢占式的，也就是说如果某台具有更高 DIS 优先级的路由器加入到网络中，那么新加入的路由器将会被立即选举为新的 DIS。

【实验步骤】

第一步：配置路由器接口的 IP 地址

R1#configure terminal

R1（config）#interface fastEthernet 1/0

R1（config-if）#ip address 192. 168. 1. 1 255. 255. 255. 0

R1（config-if）#exit

R1（config）#

R2#configure terminal

R2（config）#interface fastEthernet 1/0

R2（config-if）#ip address 192. 168. 1. 2 255. 255. 255. 0

R2（config-if）#exit

R2（config）#

R3#configure terminal

R3（config）#interface fastEthernet 1/1

R3（config-if）#ip address 192. 168. 1. 3 255. 255. 255. 0

R3（config-if）#exit

R3（config）#

第二步：配置 IS – IS 协议

R1（config）#router isis

R1（config-router）#net 49. 0001. 0001. 0001. 0001. 00

！配置 NET 地址

R1（config-router）#is-type level-1

！配置路由器类型为 L1

R1（config-router）#exit

R1（config）#interface fastEthernet 1/0

R1（config-if）#ip router isis

！在接口启用 IS－IS 协议

R1（config-if）#isis circuit-type level-1

！配置链路类型为 L1

R1（config-if）#exit

R1（config）#

R2（config）#router isis

R2（config-router）#net 49. 0001. 0002. 0002. 0002. 00

R2（config-router）#is-type level-1

R2（config-router）#exit

R2（config）#interface fastEthernet 1/0

R2（config-if）#ip router isis

R2（config-if）#isis circuit-type level-1

R2（config-if）#exit

R2（config）#

R3（config）#router isis

R3（config-router）#net 49. 0001. 0003. 0003. 0003. 00

R3（config-router）#is-type level-1

R3（config-router）#exit

R3（config）#interface fastEthernet 1/1

R3（config-if）#ip router isis

R3（config-if）#isis circuit-type level-1

R3（config-if）#exit

R3（config）#

第三步：验证测试

在 R1、R2、R3 上分别查看邻居状态信息：

R1#show isis neighbors

Area（null）：

System Id	Interface	State	Type	Priority	Circuit Id
0002. 0002. 0002	FastEthernet 1/0	Up	L1	64	0002. 0002. 0002. 01
0003. 0003. 0003	FastEthernet 1/0	Up	L1	64	0002. 0002. 0002. 01

R2#show isis neighbors

Area（null）：

System Id	Interface	State	Type	Priority	Circuit Id
0001. 0001. 0001	FastEthernet 1/0	Up	L1	64	0002. 0002. 0002. 01
0003. 0003. 0003	FastEthernet 1/0	Up	L1	64	0002. 0002. 0002. 01

R3#show isis neighbors

Area(null)：

System Id	Interface	State	Type Priority		Circuit Id
0001. 0001. 0001	FastEthernet 1/0	Up	L1	64	0002. 0002. 0002. 01
0002. 0002. 0002	FastEthernet 1/0	Up	L1	64	0002. 0002. 0002. 01

通过显示信息可以看到，R1、R2 和 R3 彼此之间都建立了 L1 邻接关系，而且网络中的 DIS 为 R2。这点可以通过显示信息中的 Circuit Id 看出，因为 0002.0002.0002 为 R2 的 SysId。Circuit Id 是由 DIS 的 SysId 加上电路的 Id 编号组成的。

第四步：验证测试

查看 IS – IS 链路状态数据库：

R1#show isis database

Area(null)：

IS – IS Level-1 Link State Database：

LSPID	LSP Seq Num	LSP Checksum	LSP Holdtime	ATT/P/OL
0001. 0001. 0001. 00-00 *	0x00000007	0x40FB	524	0/0/0
0002. 0002. 0002. 00-00	0x0000000E	0x240D	414	0/0/0
0002. 0002. 0002. 01-00	0x0000000C	0x220F	536	0/0/0
0003. 0003. 0003. 00-00	0x00000004	0x2A0D	409	0/0/0

从链路状态数据库中也可以看出 R2 为网络中的 DIS。因为 R2（0002.0002.0002）产生了拥有非零的伪节点 Id 的 LSP——0002.0002.0002.01-00，这表示 R2（0002.0002.0002）为网络中的 DIS。实际中 R2 也具有最大的 SNPA（MAC 地址）。

第五步：修改 DIS 优先级

修改 R1 F1/0 接口的 DIS 优先级为 100，高于默认的优先级 64：

R1(config)#interface fastEthernet 1/0

R1(config-if)#isis priority 100

第四步：验证测试

再次在 R1、R2、R3 上分别查看邻居状态信息：

R1#show isis neighbors

Area(null)：

System Id	Interface	State	Type Priority		Circuit Id
0002. 0002. 0002	FastEthernet 1/0	Up	L1	64	0001. 0001. 0001. 01
0003. 0003. 0003	FastEthernet 1/0	Up	L1	64	0001. 0001. 0001. 01

R2#show isis neighbors

Area(null)：

System Id	Interface	State	Type Priority		Circuit Id

0001. 0001. 0001	FastEthernet 1/0	Up	L1	100	0001. 0001. 0001. 01
0003. 0003. 0003	FastEthernet 1/0	Up	L1	64	0001. 0001. 0001. 01

R3#show isis neighbors

Area(null) :

System Id	Interface	State	Type	Priority	Circuit Id
0001. 0001. 0001	FastEthernet 1/0	Up	L1	100	0001. 0001. 0001. 01
0002. 0002. 0002	FastEthernet 1/0	Up	L1	64	0001. 0001. 0001. 01

通过显示信息可以看到，R1 已经成为网络中新的 DIS，因为 Circuit Id 中包含 R1 的 SysId 0001.0001.0001。

【参考配置】

R1#show running-config

Building configuration. . .
Current configuration:659 bytes

!
hostname R1
!
no service password-encryption
!
interface serial 1/2
  clock rate 64000
!
interface serial 1/3
  clock rate 64000
!
interface FastEthernet 1/0
  ip address 192. 168. 1. 1 255. 255. 255. 0
  ip router isis
  isis circuit-type level – 1
  isis priority 100
  duplex auto
  speed auto
!
interface FastEthernet 1/1
  duplex auto
  speed auto
!
!
!

```
router isis
  is-type level-1
  net 49. 0001. 0001. 0001. 0001. 00
!
line con 0
line aux 0
line vty 0 4
  login
!
end

R2#show running-config

Building configuration...
Current configuration:639 bytes

!
hostname R2
no service password-encryption
interface serial 1/2
  clock rate 64000
!
interface serial 1/3
  clock rate 64000
!
interface FastEthernet 1/0
  ip address 192. 168. 1. 2 255. 255. 255. 0
  ip router isis
  isis circuit-type level – 1
  duplex auto
  speed auto
!
interface FastEthernet 1/1
  duplex auto
  speed auto
!
router isis
  is-type level-1
  net 49. 0001. 0002. 0002. 0002. 00
!
line con 0
line aux 0
line vty 0 4
  login
!
```

end

R3#show running-config

Building configuration. . .
Current configuration：639 bytes

!
hostname R3
!
no service password-encryption
!
interface serial 1/2
 clock rate 64000
!
interface serial 1/3
 clock rate 64000
!
interface FastEthernet 1/0
 ip address 192. 168. 1. 3 255. 255. 255. 0
 ip router isis
 isis circuit-type level – 1
 duplex auto
 speed auto
!
interface FastEthernet 1/1
 duplex auto
 speed auto
!
router isis
 is-type level-1
 net 49. 0001. 0003. 0003. 0003. 00
!
line con 0
line aux 0
line vty 0 4
 login
!
end

实验 4 配置 IS–IS 路由汇总

【实验名称】

配置 IS–IS 路由汇总。

【实验目的】

使用 IS–IS 的路由汇总功能减小路由表的规模。

【背景描述】

某个使用 IS–IS 协议的网络中，存在大量连续的子网，且这些子网使得路由表规模变得非常庞大，在一定程度上影响了路由器的性能。

【需求分析】

对于路由表中存在大量连续子网的现象，可以使用路由汇总将多个具体的子网汇总为一个网络，这样可以减小路由表的规模，节省路由器资源。

【实验拓扑】

拓扑如图 3–4 所示。

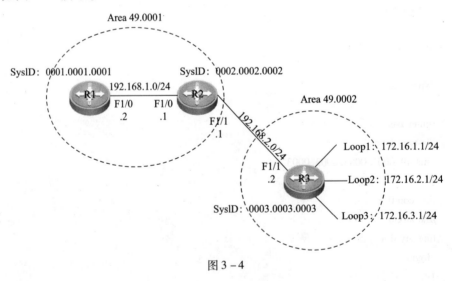

图 3–4

【实验设备】

路由器 3 台

【预备知识】

路由器基本配置

路由选择原理

IS – IS 工作原理

【实验原理】

IS – IS 路由汇总可以将多个具体的路由汇总为一条路由并通告给其他路由器，这样就减小了路由表规模。本实验中 R3 上存在三个 Loopback 接口，可以将这三个 Loopback 接口的地址重发布到 IS – IS 中并进行路由汇总。

【实验步骤】

第一步：配置路由器接口的 IP 地址

R1#configure terminal

R1（config）#interface fastEthernet 1/0

R1（config-if）#ip address 192. 168. 1. 2 255. 255. 255. 0

R1（config-if）#exit

R1（config）#

R2#configure terminal

R2（config）#interface fastEthernet 1/0

R2（config-if）#ip address 192. 168. 1. 1 255. 255. 255. 0

R2（config-if）#exit

R2（config）#interface fastEthernet 1/1

R2（config-if）#ip address 192. 168. 2. 1 255. 255. 255. 0

R2（config-if）#exit

R2（config）#

R3#configure terminal

R3（config）#interface fastEthernet 1/1

R3（config-if）#ip address 192. 168. 2. 2 255. 255. 255. 0

R3（config-if）#exit

R3（config）#interface loopback1

R3（config-if）#ip address 172. 16. 1. 1 255. 255. 255. 0

R3（config-if）#exit

R3（config）#interface loopback2

R3（config-if）#ip address 172. 16. 2. 1 255. 255. 255. 0

R3（config-if）#exit

R3（config）#interface loopback3

R3（config-if）#ip address 172. 16. 3. 1 255. 255. 255. 0

R3（config-if）#exit

R3（config）#

第二步：配置 IS – IS 协议

R1（config）#router isis

R1（config-router）#net 49. 0001. 0001. 0001. 0001. 00

！配置 NET 地址

R1（config-router）#is-type level-1

```
！配置路由器类型为 L1
R1（config-router）#exit
R1（config）#interface fastEthernet 1/0
R1（config-if）#ip router isis
！在接口启用 IS – IS 协议
R1（config-if）#isis circuit-type level-1
！配置链路类型为 L1
R1（config-if）#exit
R1（config）#


R2（config）#router isis
R2（config-router）#net 49. 0001. 0002. 0002. 0002. 00
R2（config-router）#exit
R2（config）#interface fastEthernet 1/0
R2（config-if）#ip router isis
R2（config-if）#isis circuit-type level-1
R2（config-if）#exit
R2（config）#interface fastEthernet 1/1
R2（config-if）#ip router isis
R2（config-if）#isis circuit-type level-2-only
R2（config-if）#exit
R2（config）#


R3（config）#router isis
R3（config-router）#net 49. 0002. 0003. 0003. 0003. 00
R3（config-router）#is-type level-2-only
R3（config-router）#redistribute connected metric 15
！将直连路由（3 个 looppback 接口）重发布到 IS – IS 中，并且设置度量值为 15
R3（config-router）#exit
R3（config）#interface fastEthernet 1/1
R3（config-if）#ip router isis
R3（config-if）#isis circuit-type level-2-only
R3（config-if）#exit
R3（config）#
```

第三步：验证测试

在 R2 上查看路由表信息：

```
R2#show ip route


Codes：C – connected, S – static, R – RIP B – BGP
        O – OSPF, IA – OSPF inter area
        N1 – OSPF NSSA external type 1, N2 – OSPF NSSA external type 2
        E1 – OSPF external type 1, E2 – OSPF external type 2
        i – IS – IS, su – IS – IS summary, L1 – IS – IS level – 1, L2 – IS – IS level – 2
        ia – IS – IS inter area, * – candidate default
```

Gateway of last resort is no set

i L2 172. 16. 1. 0/24〔115/25〕via 192. 168. 2. 2,00:00:55,FastEthernet 1/1

i L2 172. 16. 2. 0/24〔115/25〕via 192. 168. 2. 2,00:00:55,FastEthernet 1/1

i L2 172. 16. 3. 0/24〔115/25〕via 192. 168. 2. 2,00:00:55,FastEthernet 1/1

C   192. 168. 1. 0/24 is directly connected,FastEthernet 1/0

C   192. 168. 1. 1/32 is local host.

C   192. 168. 2. 0/24 is directly connected,FastEthernet 1/1

C   192. 168. 2. 1/32 is local host.

通过路由表信息可以看出，R2 收到了 R3 重发布的三条子网路由，度量值为 25 （15 + 10）。

第四步：配置路由汇总

在 R3 上将重发布的三条子网汇总为 172. 16. 0. 0/16：

R3(config)#router isis

R3(config-router)#summary-address 172. 16. 0. 0/16

第五步：验证测试

在 R2 上查看路由表信息：

R2#show ip route

Codes:C – connected,S – static,R – RIP B – BGP

　　　　O – OSPF,IA – OSPF inter area

　　　　N1 – OSPF NSSA external type 1,N2 – OSPF NSSA external type 2

　　　　E1 – OSPF external type 1,E2 – OSPF external type 2

　　　　i – IS – IS,su – IS – IS summary,L1 – IS – IS level – 1,L2 – IS – IS level – 2

　　　　ia – IS – IS inter area, ∗ – candidate default

Gateway of last resort is no set

i L2 172. 16. 0. 0/16〔115/25〕via 192. 168. 2. 2,00:02:01,FastEthernet 1/1

C   192. 168. 1. 0/24 is directly connected,FastEthernet 1/0

C   192. 168. 1. 1/32 is local host.

C   192. 168. 2. 0/24 is directly connected,FastEthernet 1/1

C   192. 168. 2. 1/32 is local host.

通过路由表信息可以看出，R2 收到了 R3 通告的汇总的路由 172. 16. 0. 0/16。

查看 R1 的路由表信息：

R1#show ip route

Codes:C – connected,S – static,R – RIP B – BGP

　　　　O – OSPF,IA – OSPF inter area

　　　　N1 – OSPF NSSA external type 1,N2 – OSPF NSSA external type 2

　　　　E1 – OSPF external type 1,E2 – OSPF external type 2

i – IS – IS, su – IS – IS summary, L1 – IS – IS level – 1, L2 – IS – IS level – 2

ia – IS – IS inter area, * – candidate default

Gateway of last resort is 192. 168. 1. 1 to network 0. 0. 0. 0

i * L1 0. 0. 0. 0/0[115/10] via 192. 168. 1. 1, 00 : 09 : 28, FastEthernet 1/0

C　　192. 168. 1. 0/24 is directly connected, FastEthernet 1/0

C　　192. 168. 1. 2/32 is local host.

可以看到，R1 不会收到汇总路由，即使是在汇总之前也不会收到详细的路由，因为默认情况下，R2 不会将骨干区域的路由通告到 L1 区域，L1 区域内的路由器使用一条默认路由将数据发送到其他区域。

【参考配置】

R1#show running-config

Building configuration. . .
Current configuration : 667 bytes

!
hostname R1
!
no service password-encryption
!
interface serial 1/2
　clock rate 64000
!
interface serial 1/3
　clock rate 64000
!
interface FastEthernet 1/0
　ip address 192. 168. 1. 2 255. 255. 255. 0
　ip router isis
　isis circuit-type level-1
　duplex auto
　speed auto
!
interface FastEthernet 1/1
　duplex auto
　speed auto
!
router isis
　is-type level-1
　net 49. 0001. 0001. 0001. 0001. 00
!

```
line con 0
line aux 0
line vty 0 4
 login
!
end

R2#show running-config

Building configuration. . .
Current configuration:738 bytes

!
hostname R2
!
no service password-encryption
!
interface serial 1/2
 clock rate 64000
!
interface serial 1/3
 clock rate 64000
!
interface FastEthernet 1/0
 ip address 192. 168. 1. 1 255. 255. 255. 0
 ip router isis
 isis circuit-type level-1
 duplex auto
 speed auto
!
interface FastEthernet 1/1
 ip address 192. 168. 2. 1 255. 255. 255. 0
 ip router isis
 isis circuit-type level-2-only
 duplex auto
 speed auto
!
router isis
 net 49. 0001. 0002. 0002. 0002. 00
!
line con 0
line aux 0
line vty 0 4
 login
!
```

end

R3#show running-config

Building configuration. . .
Current configuration：933 bytes

!
hostname R3
!
no service password-encryption
!
interface serial 1/2
 clock rate 64000
!
interface serial 1/3
 clock rate 64000
!
interface FastEthernet 1/0
 duplex auto
 speed auto
!
interface FastEthernet 1/1
 ip address 192. 168. 2. 2 255. 255. 255. 0
 ip router isis
 isis circuit-type level-2-only
 duplex auto
 speed auto
!
interface Loopback 1
 ip address 172. 16. 1. 1 255. 255. 255. 0
!
interface Loopback 2
 ip address 172. 16. 2. 1 255. 255. 255. 0
!
interface Loopback 3
 ip address 172. 16. 3. 1 255. 255. 255. 0
!
router isis
 is-type level-2-only
 summary-address 172. 16. 0. 0/16
 redistribute connected metric 15
 net 49. 0002. 0003. 0003. 0003. 00
!
line con 0

```
line aux 0
line vty 0 4
 login
!
end
```

实验 5　配置 IS－IS 验证配置

【实验名称】

配置 IS－IS 验证。

【实验目的】

使用 IS－IS 的验证功能加强路由选择信息交换的安全性。

【背景描述】

某网络使用 IS－IS 提供路由选择功能，网络工程师希望提高 IS－IS 路由信息交互的安全性，防止路由器接收非法的路由选择信息。

【需求分析】

使用 IS－IS 的路由验证功能，可以在发送的 IS－IS PDU 中插入密码以验证接收到的路由选择信息是否合法。

【实验拓扑】

拓扑如图 3－5 所示。

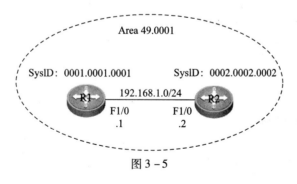

图 3－5

【实验设备】

路由器 2 台

【预备知识】

路由器基本配置
路由选择原理
IS－IS 工作原理

【实验原理】

　　IS – IS PDU 是被直接封装到数据链路层的帧中，不像其他 IP 路由协议（如 OSPF、RIP）的数据包都被封装在 IP 报文中。IS – IS 这种直接基于数据链路层的封装也带来了一些安全性，因为 IS – IS 不会受到大量的 IP 攻击。

　　为了增强路由选择信息交互的安全性，IS – IS 中也增加了路由验证功能。通过在发送的 IS – IS PDU 中插入密码可以验证收到的路由选择信息是否合法。

　　配置 IS – IS 验证有三种方式：配置接口密码、配置区域密码、配置域密码。为接口配置了密码后，系统将会把密码插入到所有的 Hello 报文、LSP、CSNP 和 PSNP 中。系统也会将收到的所有 PDU 中插入的密码与本地接口配置的密码进行比较以验证报文的合法性。区域密码是指为 L1 区域配置的密码，配置区域密码后，系统将会把密码插入到所有的 L1 LSP、L1 CS-NP 和 L1 PSNP 报文中以验证 L1 报文的合法性。域密码是指为路由域进行验证，也就是对 L2 骨干区域进行验证。配置域密码后，系统将会把密码插入到所有的 L2 LSP、L2 CSNP 和 L2 PSNP 报文中以验证 L2 报文的合法性。

　　本实验中使用的是接口密码方式，在实验中，如果双方的接口密码不匹配，那么将不能建立邻接关系。

【实验步骤】

第一步：配置路由器接口的 IP 地址

```
R1#configure terminal
R1(config)#interface fastEthernet 1/0
R1(config-if)#ip address 192.168.1.1 255.255.255.0
R1(config-if)#exit
R1(config)#


R2#configure terminal
R2(config)#interface fastEthernet 1/0
R2(config-if)#ip address 192.168.1.2 255.255.255.0
R2(config-if)#exit
R2(config)#
```

第二步：配置 IS – IS 协议

```
R1(config)#router isis
R1(config-router)#net 49.0001.0001.0001.0001.00
! 配置 NET 地址
R1(config-router)#is-type level-1
! 配置路由器类型为 L1
R1(config-router)#exit
R1(config)#interface fastEthernet 1/0
R1(config-if)#ip router isis
! 在接口启用 IS – IS 协议
R1(config-if)#isis circuit-type level-1
! 配置链路类型为 L1
```

R1(config-if)#exit

R1(config)#

R2(config)#router isis

R2(config-router)#net 49.0001.0002.0002.0002.00

R2(config-router)#is-type level-1

R2(config-router)#exit

R2(config)#interface fastEthernet 1/0

R2(config-if)#ip router isis

R2(config-if)#isis circuit-type level-1

R2(config-if)#exit

R2(config)#

第三步：在 **R1** 上配置验证

R1(config)#interface fastEthernet 1/0

R1(config-if)#isis password ruijie

! 配置接口密码,密码为"ruijie"

第四步：验证测试

查看 R1 与 R2 的邻接关系：

R1#show isis neighbors

Area(null)：

System Id	Interface	State	Type Priority	Circuit Id

R2#show isis neighbors

Area(null)：

System Id	Interface	State	Type Priority	Circuit Id
0001.0001.0001	FastEthernet 1/0	Init	L1	64	0001.0001.0001.01

从显示信息中可以看出，由于 R1 配置了接口密码，而 R2 没有配置，导致双方密码不匹配，所以 R1 与 R2 的邻接关系已经断开。

第五步：在 **R2** 上配置验证

R2(config)#interface fastEthernet 1/0

R2(config-if)#isis password ruijie

第六步：验证测试

查看 R1 与 R2 的邻接关系：

R1#show isis neighbors

Area(null)：

System Id	Interface	State	Type Priority	Circuit Id

0002. 0002. 0002	FastEthernet 1/0	Up	L1	64	0002. 0002. 0002. 01

R2#show isis neighbors

Area(null)：

System Id	Interface	State	Type	Priority	Circuit Id
0001. 0001. 0001	FastEthernet 1/0	Up	L1	64	0002. 0002. 0002. 01

　　从显示信息可以看出，由于 R2 也配置了相同的接口密码，R1 与 R2 的邻接关系重新建立起来，状态变为 UP。

【注意事项】

　　全局启用 IS – IS 后，还需要在接口启用 IS – IS 协议，这与其他路由器的配置方式略有差别。

【参考配置】

R1#show running-config

Building configuration. . .
Current configuration：690 bytes

!
hostname R1
!
no service password-encryption
!
interface serial 1/2
　clock rate 64000
!
interface serial 1/3
　clock rate 64000
!
interface FastEthernet 1/0
　ip address 192. 168. 1. 1 255. 255. 255. 0
　ip router isis
　isis circuit-type level-1
　isis password ruijie
　duplex auto
　speed auto
!
interface FastEthernet 1/1
　duplex auto
　speed auto
!

```
router isis
 is-type level-1
 net 49. 0001. 0001. 0001. 0001. 00
!
line con 0
line aux 0
line vty 0 4
 login
!
end
```

R2#show running-config

Building configuration. . .
Current configuration:690 bytes

```
!
hostname R2
!
no service password-encryption
!
interface serial 1/2
 clock rate 64000
!
interface serial 1/3
 clock rate 64000
!
interface FastEthernet 1/0
 ip address 192. 168. 1. 2 255. 255. 255. 0
 ip router isis
 isis circuit-type level-1
 isis password ruijie
 duplex auto
 speed auto
!
interface FastEthernet 1/1
 duplex auto
 speed auto
!
router isis
 is-type level-1
 net 49. 0001. 0002. 0002. 0002. 00
!
line con 0
line aux 0
```

```
line vty 0 4
 login
!
end
```

实验6　配置 IS‑IS 路由泄露

【实验名称】

配置 IS‑IS 路由泄露。

【实验目的】

使用 IS‑IS 的路由泄露功能将 L2 区域的路由通告到 L1 区域。

【背景描述】

某个使用 IS‑IS 协议网络中，L1 区域存在两个出口连接到其他区域，由于默认情况下 IS‑IS 的 L1 区域为末节区域，只是通过默认路由将数据发送到其他区域，这样可能会造成次优路径的选择。

【需求分析】

次优路径的选择的产生是因为 L1 区域内的路由器不知道通往其他区域中某个网络的详细的路径，只是通过区域内的默认路由将数据发送到最近的 L1/2 路由器。为了使 L1 区域内的路由器能够得到其他区域的路由信息，可以使用 IS‑IS 的路由泄露功能，使 L1/2 路由器将 L2 路由以受控方式通告（泄露）到 L1 区域。

【实验拓扑】

拓扑如图 3‑6 所示。

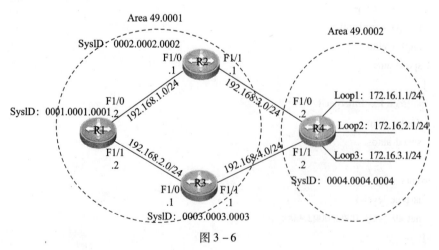

图 3‑6

【实验设备】

路由器 4 台

【预备知识】

路由器基本配置

路由选择原理

IS－IS 工作原理

【实验原理】

IS－IS 的路由泄露功能可以将 L2 路由以受控的方式通告到 L1 区域，以防止在有多个区域出口的情况下造成次优路径的选择。本实验中，R4 上创建了 3 个 Loopback 接口，并启用了 IS－IS 协议。现在通过路由泄露功能，要使 R1 访问 R4 的 Loopback1 接口时将数据发送到 R3，即 R3 作为到达 172.16.1.0/24 的出口。

【实验步骤】

第一步：配置路由器接口的 IP 地址

R1#configure terminal

R1(config)#interface fastEthernet 1/0

R1(config-if)#ip address 192.168.1.2 255.255.255.0

R1(config-if)#exit

R1(config)#interface fastEthernet 1/0

R1(config-if)#ip address 192.168.2.2 255.255.255.0

R1(config-if)#exit

R1(config)#

R2#configure terminal

R2(config)#interface fastEthernet 1/0

R2(config-if)#ip address 192.168.1.1 255.255.255.0

R2(config-if)#exit

R2(config)#interface fastEthernet 1/1

R2(config-if)#ip address 192.168.3.1 255.255.255.0

R2(config-if)#exit

R2(config)#

R3#configure terminal

R3(config)#interface fastEthernet 1/0

R3(config-if)#ip address 192.168.2.1 255.255.255.0

R3(config-if)#exit

R3(config)#interface fastEthernet 1/1

R3(config-if)#ip address 192.168.4.1 255.255.255.0

R3(config-if)#exit

R3(config)#

R4#configure terminal

R4（config）#interface fastEthernet 1/0

R4（config-if）#ip address 192. 168. 3. 2 255. 255. 255. 0

R4（config-if）#exit

R4（config）#interface fastEthernet 1/1

R4（config-if）#ip address 192. 168. 4. 2 255. 255. 255. 0

R4（config-if）#exit

R4（config）#interface loopback1

R4（config-if）#ip address 172. 16. 1. 1 255. 255. 255. 0

R4（config-if）#exit

R4（config）#interface loopback2

R4（config-if）#ip address 172. 16. 2. 1 255. 255. 255. 0

R4（config-if）#exit

R4（config）#interface loopback3

R4（config-if）#ip address 172. 16. 3. 1 255. 255. 255. 0

R4（config-if）#exit

R4（config）#

第二步：配置 IS – IS 协议

R1（config）#router isis

R1（config-router）#net 49. 0001. 0001. 0001. 0001. 00

！配置 NET 地址

R1（config-router）#is-type level-1

！配置路由器类型为 L1

R1（config-router）#exit

R1（config）#interface fastEthernet 1/0

R1（config-if）#ip router isis

！在接口启用 IS – IS 协议

R1（config-if）#isis circuit-type level-1

！配置链路类型为 L1

R1（config-if）#exit

R1（config）#interface fastEthernet 1/1

R1（config-if）#ip router isis

R1（config-if）#isis circuit-type level-1

R1（config-if）#exit

R1（config）#

R2（config）#router isis

R2（config-router）#net 49. 0001. 0002. 0002. 0002. 00

R2（config-router）#exit

R2（config）#interface fastEthernet 1/0

R2（config-if）#ip router isis

R2（config-if）#exit

R2（config）#interface fastEthernet 1/1

R2（config-if）#ip router isis

R2(config-if)#isis circuit-type level-2-only

R2(config-if)#exit

R2(config)#

R3(config)#router isis

R3(config-router)#net 49. 0001. 0003. 0003. 0003. 00

R3(config-router)#exit

R3(config)#interface fastEthernet 1/0

R3(config-if)#ip router isis

R3(config-if)#exit

R3(config)#interface fastEthernet 1/1

R3(config-if)#ip router isis

R3(config-if)#isis circuit-type level-2-only

R3(config-if)#exit

R3(config)#

R4(config)#router isis

R4(config-router)#net 49. 0002. 0004. 0004. 0004. 00

R4(config-router)#is-type level-2-only

R4(config-router)#exit

R4(config)#interface fastEthernet 1/0

R4(config-if)#ip router isis

R4(config-if)#isis circuit-type level-2-only

R4(config-if)#exit

R4(config)#interface fastEthernet 1/1

R4(config-if)#ip router isis

R4(config-if)#isis circuit-type level-2-only

R4(config-if)#exit

R4(config)#interface loopback1

R4(config-if)#ip router isis

R4(config-if)#isis circuit-type level-2-only

R4(config-if)#exit

R4(config)#interface loopback2

R4(config-if)#ip router isis

R4(config-if)#isis circuit-type level-2-only

R4(config-if)#exit

R4(config)#interface loopback3

R4(config-if)#ip router isis

R4(config-if)#isis circuit-type level-2-only

R4(config-if)#exit

R4(config)#

第三步：验证测试

在 R2 和 R3 上查看路由表信息：

R2#show ip route

Codes:C – connected,S – static,R – RIP B – BGP

O – OSPF,IA – OSPF inter area

N1 – OSPF NSSA external type 1,N2 – OSPF NSSA external type 2

E1 – OSPF external type 1,E2 – OSPF external type 2

i – IS – IS,su – IS – IS summary,L1 – IS – IS level – 1,L2 – IS – IS level – 2

ia – IS – IS inter area, * – candidate default

Gateway of last resort is no set

i L2 172. 16. 1. 0/24[115/20] via 192. 168. 3. 2,00:23:31,FastEthernet 1/1

i L2 172. 16. 2. 0/24[115/20] via 192. 168. 3. 2,00:23:04,FastEthernet 1/1

i L2 172. 16. 3. 0/24[115/20] via 192. 168. 3. 2,00:23:04,FastEthernet 1/1

C   192. 168. 1. 0/24 is directly connected,FastEthernet 1/0

C   192. 168. 1. 1/32 is local host.

i L1 192. 168. 2. 0/24[115/20] via 192. 168. 1. 2,00:18:18,FastEthernet 1/0

C   192. 168. 3. 0/24 is directly connected,FastEthernet 1/1

C   192. 168. 3. 1/32 is local host.

i L2 192. 168. 4. 0/24[115/20] via 192. 168. 3. 2,00:24:01,FastEthernet 1/1

R3#show ip route

Codes:C – connected,S – static,R – RIP B – BGP

O – OSPF,IA – OSPF inter area

N1 – OSPF NSSA external type 1,N2 – OSPF NSSA external type 2

E1 – OSPF external type 1,E2 – OSPF external type 2

i – IS – IS,su – IS – IS summary,L1 – IS – IS level – 1,L2 – IS – IS level – 2

ia – IS – IS inter area, * – candidate default

Gateway of last resort is no set

i L2 172. 16. 1. 0/24[115/20] via 192. 168. 4. 2,00:25:30,FastEthernet 1/1

i L2 172. 16. 2. 0/24[115/20] via 192. 168. 4. 2,00:25:02,FastEthernet 1/1

i L2 172. 16. 3. 0/24[115/20] via 192. 168. 4. 2,00:25:02,FastEthernet 1/1

i L1 192. 168. 1. 0/24[115/20] via 192. 168. 2. 2,00:20:34,FastEthernet 1/0

C   192. 168. 2. 0/24 is directly connected,FastEthernet 1/0

C   192. 168. 2. 1/32 is local host.

i L2 192. 168. 3. 0/24[115/20] via 192. 168. 4. 2,00:26:02,FastEthernet 1/1

C   192. 168. 4. 0/24 is directly connected,FastEthernet 1/1

C   192. 168. 4. 1/32 is local host.

通过 R2 和 R3 的路由表信息可以看出，R2 和 R3 学习到了 R4 上 3 个 Loopback 接口的路由信息。

在 R1 上查看路由表信息：

R1#show ip route

Codes:C – connected,S – static,R – RIP B – BGP

　　O – OSPF,IA – OSPF inter area

　　N1 – OSPF NSSA external type 1,N2 – OSPF NSSA external type 2

　　E1 – OSPF external type 1,E2 – OSPF external type 2

　　i – IS – IS,su – IS – IS summary,L1 – IS – IS level – 1,L2 – IS – IS level – 2

　　ia – IS – IS inter area, * – candidate default

Gateway of last resort is 192.168.2.1 to network 0.0.0.0

i * L1 0.0.0.0/0[115/10]via 192.168.2.1,00:21:19,FastEthernet 1/1

i * L1　　　　　[115/10]via 192.168.1.1,00:21:19,FastEthernet 1/0

C　　　192.168.1.0/24 is directly connected,FastEthernet 1/0

C　　　192.168.1.2/32 is local host.

C　　　192.168.2.0/24 is directly connected,FastEthernet 1/1

C　　　192.168.2.2/32 is local host.

　　通过 R1 的路由表信息可以看出，R1 上存在两条默认路由，分别指向 R2 和 R3。这样默认情况下，R1 将把发送到区域外的数据进行负载分担，一部分发送到 R2，一部分发送到 R3，但不能保证去往 R4 的 Loopback1 接口（172.16.1.0/24）的数据全部发送到 R3 上。

第四步：配置路由泄露

在 R3 上将 172.16.1.0/24 路由通告到 L1 区域中：

　　R3(config)#access-list 1 permit 172.16.1.0 0.0.0.255

　　! 创建一个标准访问控制列表,以匹配 172.16.1.0/24 的路由信息

　　R3(config)#router isis

　　R3(config-router)#redistribute isis level-2 into level-1 distribute-list 1

　　! 将 L2 路由引入到 L1 区域中,并且调用 access-list 1 以实现受控的泄露

　　R3(config-router)#exit

　　R3(config)#

第五步：验证测试

在 R1 上查看路由表信息：

　　R1#show ip route

Codes:C – connected,S – static,R – RIP B – BGP

　　O – OSPF,IA – OSPF inter area

　　N1 – OSPF NSSA external type 1,N2 – OSPF NSSA external type 2

　　E1 – OSPF external type 1,E2 – OSPF external type 2

　　i – IS – IS,su – IS – IS summary,L1 – IS – IS level – 1,L2 – IS – IS level – 2

　　ia – IS – IS inter area, * – candidate default

Gateway of last resort is 192.168.2.1 to network 0.0.0.0

i * L1 0.0.0.0/0[115/10]via 192.168.2.1,00:25:27,FastEthernet 1/1

i * L1　　　　　[115/10]via 192.168.1.1,00:25:27,FastEthernet 1/0

i ia 172.16.1.0/24[115/30]via 192.168.2.1,00:00:10,FastEthernet 1/1

C   192. 168. 1. 0/24 is directly connected, FastEthernet 1/0

C   192. 168. 1. 2/32 is local host.

C   192. 168. 2. 0/24 is directly connected, FastEthernet 1/1

C   192. 168. 2. 2/32 is local host.

此时通过 R1 的路由表可以看出，R1 收到了 172. 16. 1. 0/24 的路由信息，并且下一跳为 R3（192. 168. 2. 1）。这样所有发往 R4 的 Loopback1 接口的数据都会被发送到 R3，其他发送到区域外的数据还会使用原先的两条默认路由。

【注意事项】

- 使用路由泄露时，要进行有选择的通告，以免将全部骨干区域的路由都泄露到 L1 区域中，增加 L1 区域中路由器的负担。

【参考配置】

R1#show running-config

Building configuration. . .
Current configuration：751 bytes

!
hostname R1
!
no service password-encryption
!
interface serial 1/2
  clock rate 64000
!
interface serial 1/3
  clock rate 64000
!
interface FastEthernet 1/0
  ip address 192. 168. 1. 2 255. 255. 255. 0
  ip router isis
  isis circuit-type level-1
  duplex auto
  speed auto
!
interface FastEthernet 1/1
  ip address 192. 168. 2. 2 255. 255. 255. 0
  ip router isis
  isis circuit-type level-1
  duplex auto
  speed auto
!

```
router isis
 is-type level-1
 net 49.0001.0001.0001.0001.00
!
line con 0
line aux 0
line vty 0 4
 login
!
end

R2#show running-config

Building configuration...
Current configuration:710 bytes

!
hostname R2
!
no service password-encryption
!
interface serial 1/2
 clock rate 64000
!
interface serial 1/3
 clock rate 64000
!
interface FastEthernet 1/0
 ip address 192.168.1.1 255.255.255.0
 ip router isis
 duplex auto
 speed auto
!
interface FastEthernet 1/1
 ip address 192.168.3.1 255.255.255.0
 ip router isis
 isis circuit-type level-2-only
 duplex auto
 speed auto
!
router isis
 net 49.0001.0002.0002.0002.00
!
line con 0
line aux 0
```

```
line vty 0 4
 login
!
end

R3#show running-config

Building configuration. . .
Current configuration:836 bytes

!
hostname R3
!
no service password-encryption
!
ip access-list standard 1
 10 permit 172. 16. 1. 0 0. 0. 0. 255
!
interface serial 1/2
 clock rate 64000
!
interface serial 1/3
 clock rate 64000
!
interface FastEthernet 1/0
 ip address 192. 168. 2. 1 255. 255. 255. 0
 ip router isis
 duplex auto
 speed auto
!
interface FastEthernet 1/1
 ip address 192. 168. 4. 1 255. 255. 255. 0
 ip router isis
 isis circuit-type level-2-only
 duplex auto
 speed auto
!
!
!
router isis
 redistribute isis level-2 into level-1 distribute-list 1
 net 49. 0001. 0003. 0003. 0003. 00
!
line con 0
line aux 0
```

```
line vty 0 4
 login
!
end

R4#show running-config

Building configuration...
Current configuration:1105 bytes

!
hostname R4
!
no service password-encryption
!
interface serial 1/2
 clock rate 64000
!
interface serial 1/3
 clock rate 64000
!
interface FastEthernet 1/0
 ip address 192.168.3.2 255.255.255.0
 ip router isis
 isis circuit-type level-2-only
 duplex auto
 speed auto
!
interface FastEthernet 1/1
 ip address 192.168.4.2 255.255.255.0
 ip router isis
 isis circuit-type level-2-only
 duplex auto
 speed auto
!
interface Loopback 1
 ip address 172.16.1.1 255.255.255.0
 ip router isis
 isis circuit-type level-2-only
!
interface Loopback 2
 ip address 172.16.2.1 255.255.255.0
 ip router isis
 isis circuit-type level-2-only
!
```

```
interface Loopback 3
 ip address 172. 16. 3. 1 255. 255. 255. 0
 ip router isis
 isis circuit-type level-2-only
!
!
!
router isis
 is-type level-2-only
 net 49. 0002. 0004. 0004. 0004. 00
!
line con 0
line aux 0
line vty 0 4
 login
!
end
```

第四章 基于策略的路由选择实验

实验1 配置基于源地址的策略路由

【实验名称】

配置基于源地址的策略路由。

【实验目的】

通过本实验可以理解策略在基于源地址的策略路由原理。

【背景描述】

某公司网络拓扑如图4-1所示，为了网络的稳定性，公司网络通过两台路由器连接到外部网络中。为了实现更好的网络管理，网络管理员要求，IP地址为192.168.1.1～192.168.1.127的主机访问外部网络时通过路由器RB，网络中IP地址为192.168.1.128～192.168.1.254的主机访问外部网络时通过路由器RC。

【需求分析】

在路由器RA上配置基于源IP地址的策略路由，可以实现将源地址为192.168.1.1～192.168.1.127的报文转发到路由器RB的Serial4/0接口，将源地址为192.168.1.128～192.168.1.254的报文转发到路由器RC的F0/0接口。

【实验拓扑】

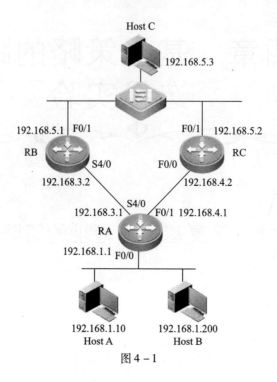

图 4 – 1

【实验设备】

路由器	3 台
二层交换机	1 台
主机	3 台

【预备知识】

路由器基本配置知识、IP 路由知识、PBR 工作原理

【实验原理】

在路由器 RA 上配置 PBR，对流经端口 F0/0 的数据检查其源 IP 地址。如果源 IP 地址为 192.168.1.1/24 ~ 192.168.1.127/24 则将其发送到路由器 RB 的 Serial4/0 端口；如果源地址为 192.168.128/24 ~ 192.168.1.254/24 则将其发送到路由器 RC 的 F0/0 接口。

【实验步骤】

第一步：在路由器上配置 IP 路由选择和 IP 地址

RA#configure terminal

RA(config)#interface serial 4/0

RA(config-if)#ip address 192.168.3.1 255.255.255.0

RA(config-if)#exit

RA(config)#interface FastEthernet 0/0

RA(config-if)#ip address 192.168.1.1 255.255.255.0

RA(config-if)#exit

RA(config)#interface FastEthernet 0/1

RA(config-if)#ip address 192. 168. 4. 1 255. 255. 255. 0

RA(config-if)#exit

RB#configure terminal

RB(config)#interface serial 4/0

RB(config-if)#ip address 192. 168. 3. 2 255. 255. 255. 0

RB(config-if)#exit

RB(config)#interface fastEthernet 0/1

RB(config-if)#ip address 192. 168. 5. 1 255. 255. 255. 0

RB(config-if)#exit

RC#configure terminal

RC(config)#interface FastEthernet 0/0

RC(config-if)#ip address 192. 168. 4. 2 255. 255. 255. 0

RC(config-if)#exit

RC(config)#interface fastEthernet 0/1

RC(config-if)#ip address 192. 168. 5. 2 255. 255. 255. 0

RC(config-if)#exit

第二步：在网络中配置 RIP

RA(config)#router rip

RA(config-router)#version 2

RA(config-router)#network 192. 168. 1. 0

RA(config-router)#network 192. 168. 3. 0

RA(config-router)#network 192. 168. 4. 0

RA(config-router)#no auto-summary

RB(config)#router rip

RB(config-router)#version 2

RB(config-router)#network 192. 168. 3. 0

RB(config-router)#network 192. 168. 5. 0

RB(config-router)#no auto-summary

RC(config)#router rip

RC(config-router)#version 2

RC(config-router)#network 192. 168. 4. 0

RC(config-router)#network 192. 168. 5. 0

RC(config-router)#no auto-summary

第三步：配置 PBR

RA(config)#access-list 10 permit 192. 168. 1. 0 0. 0. 0. 127

RA(config)#access-list 11 permit 192. 168. 1. 128 0. 0. 0. 127

RA(config)#route-map netbig permit 10

！配置名为 netbig 的 route-map

RA(config-route-map)#match ip address 10

！匹配 access-list 10 的数据执行下面的动作

RA(config-route-map)#set ip next-hop 192.168.3.2

！设置下一跳地址为 192.168.3.2

RA(config-route-map)#exit

RA(config)#route-map netbig permit 20

RA(config-route-map)#match ip address 11

！匹配 access-list 11 的数据执行下面的动作

RA(config-route-map)#set ip next-hop 192.168.4.2

！设置下一跳地址为 192.168.4.2

RA(config-route-map)#exit

第四步：在报文的入站接口应用 route-map

RA(config)#interface fastEthernet 0/0

RA(config-if)#ip policy route-map netbig

第五步：验证测试

在主机 HostA 上用 tracert 命令测试数据包发送路径，如图 4-2 所示：

```
G:\Documents and Settings\Administrator>tracert 192.168.5.3 -d

Tracing route to 192.168.5.3 over a maximum of 30 hops

  1    <1 ms    <1 ms     1 ms   192.168.1.1
  2    29 ms    30 ms    29 ms   192.168.3.2
  3    27 ms    26 ms    27 ms   192.168.5.3
```

图 4-2

从 tracert 结果可以看到，主机 HostA 发送的数据包通过路由器 RB 进行转发。

在主机 HostB 上用 tracert 命令测试数据包发送路径，如图 4-3 所示：

```
G:\Documents and Settings\Administrator>tracert 192.168.5.3 -d

Tracing route to 192.168.5.3 over a maximum of 30 hops

  1     1 ms    <1 ms    <1 ms   192.168.1.1
  2     1 ms    <1 ms     1 ms   192.168.4.2
  3    14 ms    14 ms    13 ms   192.168.5.3
```

图 4-3

从 tracert 结果可以看到，主机 HostB 发送的数据包通过路由器 RC 进行转发。

【注意事项】

需要将 route-map 应用在报文的入接口上 PBR 才会生效。

【参考配置】

RA#show running-config

Building configuration. . .

Current configuration:952 bytes

!

hostname RA

!

!

route-map netbig permit 10

 match ip address 10

 set next-hop 192. 168. 3. 2

!

route-map netbig permit 20

 match ip address 11

 set next-hop 192. 168. 4. 2

!

!

ip access-list standard 10

 10 permit 192. 168. 1. 0 0. 0. 0. 127

!

ip access-list standard 11

 10 permit 192. 168. 1. 128 0. 0. 0. 127

!

!

interface serial 4/0

 ip address 192. 168. 3. 1 255. 255. 255. 0

!

interface serial 4/1

 clock rate 64000

!

interface FastEthernet 0/0

 ip policy route-map netbig

 ip address 192. 168. 1. 1 255. 255. 255. 0

 duplex auto

 speed auto

!

interface FastEthernet 0/1

 ip address 192. 168. 4. 1 255. 255. 255. 0

 duplex auto

 speed auto

!

router rip

 version 2

 network 192. 168. 1. 0

 network 192. 168. 3. 0

 network 192. 168. 4. 0

```
   no auto-summary
!
line con 0
line aux 0
line vty 0 4
 login
!
!
end


RB#show running-config

Building configuration. . .
Current configuration:670 bytes

!
hostname RB
!
!
enable secret 5  $ 1 $ jhds $ E5Fux411s7D7xpyw
!
interface serial 4/0
 ip address 192. 168. 3. 2 255. 255. 255. 0
 clock rate 64000
!
interface serial 4/1
 clock rate 64000
!
interface FastEthernet 0/0
 duplex auto
 speed auto
!
interface FastEthernet 0/1
 ip address 192. 168. 5. 1 255. 255. 255. 0
 duplex auto
 speed auto
!
router rip
 version 2
 network 192. 168. 3. 0
 network 192. 168. 5. 0
!
line con 0
line aux 0
```

```
line vty 0 4
 login
!
end


RC#show running-config

Building configuration. . .
Current configuration:551 bytes

!
hostname RC
!

interface FastEthernet 0/0
 ip address 192. 168. 4. 2 255. 255. 255. 0
 duplex auto
 speed auto
!
interface FastEthernet 0/1
 ip address 192. 168. 5. 2 255. 255. 255. 0
 duplex auto
 speed auto
!
router rip
 version 2
 network 192. 168. 4. 0
 network 192. 168. 5. 0
 no auto-summary
!
line con 0
line aux 0
line vty 0 4
 login
end
```

实验 2　配置基于目的地址的策略路由

【实验名称】

配置基于目的地址的策略路由。

【实验目的】

通过本实验可以理解策略在基于目标地址的策略路由原理。

【背景描述】

某公司网络拓扑如图 4-4 所示，为了网络的稳定性，公司网络通过两台路由器连接到外部网络中。为了实现更好的网络管理，网络管理员要求，当网络中的主机访问 192.168.5.1 ~ 192.168.5.127 的目的地址时通过路由器 RB，当网络中的主机访问 192.168.5.128 ~ 192.168.5.254 的目的地址时通过路由器 RC。

【需求分析】

在路由器 RA 上配置基于目的 IP 地址的策略路由，可以实现将去往 192.168.5.1 ~ 192.168.5.127 的报文转发到路由器 RB 的 S4/0 接口。对于去往 192.168.5.128 ~ 192.168.5.254 的报文转发到路由器 RC 的 F0/0 接口。

【实验拓扑】

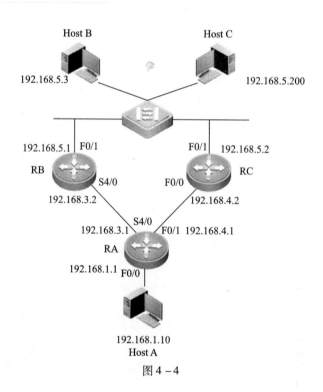

图 4-4

【实验设备】

路由器	3 台
二层交换机	1 台
主机	3 台

【预备知识】

路由器基本配置知识、IP 路由知识、PBR 工作原理

【实验原理】

在路由器 RA 上配置策略路由,对流经端口 F0/0 的数据检查其目的 IP 地址。如果目的 IP 地址为 192.168.5.1/24 ~ 192.168.5.127/24,则将其发送到路由器 RB 的 serial4/0 端口;如果源地址为 192.168.5.128/24 ~ 192.168.5.254/24,则将其发送到路由器 RC 的 F0/0 接口。

【实验步骤】

第一步:在路由器上配置 IP 路由选择和 IP 地址

```
RA#configure terminal
RA(config)#interface serial 4/0
RA(config-if)#ip address 192.168.3.1 255.255.255.0
RA(config-if)#exit
RA(config)#interface FastEthernet 0/0
RA(config-if)#ip address 192.168.1.1 255.255.255.0
RA(config-if)#exit
RA(config)#interface FastEthernet 0/1
RA(config-if)#ip address 192.168.4.1 255.255.255.0
RA(config-if)#exit


RB#configure terminal
RB(config)#interface serial 4/0
RB(config-if)#ip address 192.168.3.2 255.255.255.0
RB(config-if)#exit
RB(config)#interface fastEthernet 0/1
RB(config-if)#ip address 192.168.5.1 255.255.255.0
RB(config-if)#exit


RC#configure terminal
RC(config)#interface FastEthernet 0/0
RC(config-if)#ip address 192.168.4.2 255.255.255.0
RC(config-if)#exit
RC(config)#interface fastEthernet 0/1
RC(config-if)#ip address 192.168.5.2 255.255.255.0
RC(config-if)#exit
```

第二步:在网络中配置 RIP

```
RA(config)#router rip
RA(config-router)#version 2
RA(config-router)#network 192.168.1.0
RA(config-router)#network 1982.168.3.0
RA(config-router)#network 192.168.4.0
RA(config-router)#no auto-summary


RB(config)#router rip
```

RB（config-router）#version 2

RB（config-router）#network 192. 168. 3. 0

RB（config-router）#network 192. 168. 5. 0

RB（config-router）#no auto-summary

RC（config）#router rip

RC（config-router）#version 2

RC（config-router）#network 192. 168. 4. 0

RC（config-router）#network 192. 168. 5. 0

RC（config-router）#no auto-summary

第三步：配置 PBR

RA（config）#access-list 100 permit ip any 192. 168. 5. 0 0. 0. 0. 127

RA（config）#access-list 101 permit ip any 192. 168. 5. 128 0. 0. 0. 127

RA（config）#route-map netbig permit 10

！配置名为 netbig 的 route-map

RA（config-route-map）#match ip address 100

！配置符合 access-list 100 的匹配规则

RA（config-route-map）#set next-hop 192. 168. 3. 2

！设置符合 access-list 100 的报文的下一跳为 192. 168. 3. 2

RA（config-route-map）#exit

RA（config）#route-map netbig permit 20

RA（config-route-map）#match ip address 101

！配置符合 access-list 101 的匹配规则

RA（config-route-map）#set next-hop 192. 168. 4. 2

！设置符合 access-list 100 的报文的下一跳为 192. 168. 4. 2

RA（config-route-map）#exit

第四步：在报文的入站接口应用 route-map

RA（config）#interface FastEthernet 0/0

RA（config-if）#ip policy route-map netbig

RA（config-if）#exit

第五步：验证测试

在主机 HostA 上用 tracert 命令进行路由跟踪，当目标地址为 192. 168. 5. 3 时，如图 4 – 5 所示：

```
G:\Documents and Settings\Administrator>tracert 192.168.5.3

Tracing route to 192.168.5.3 over a maximum of 30 hops

  1    <1 ms    <1 ms    <1 ms   192.168.1.1
  2    29 ms    29 ms    29 ms   192.168.3.2
  3    26 ms    26 ms    26 ms   192.168.5.3

Trace complete.
```

图 4 – 5

从 tracert 结果可以看到，当数据包的目的地址为 192.168.5.1 ~ 192.168.5.127 时，数据包经路由器 RB 转发。

在主机 HostA 上用 tracert 命令进行路由跟踪，当目标地址为 192.168.5.3 时如图 4 - 6 所示：

```
G:\Documents and Settings\Administrator>tracert 192.168.5.200 -d

Tracing route to 192.168.5.200 over a maximum of 30 hops

  1    <1 ms    <1 ms    <1 ms   192.168.1.1
  2    <1 ms    <1 ms    <1 ms   192.168.4.2
  3    14 ms    13 ms    13 ms   192.168.5.200

Trace complete.
```

图 4 - 6

从 tracert 结果可以看到，当数据包的目的地址为 192.168.5.128 ~ 192.168.5.254 时，数据包经路由器 RC 转发。

【注意事项】

需要将 route-map 应用在报文的入接口上 PBR 才会生效。

【参考配置】

```
RA#show running-config
Building configuration...
Current configuration:1034 bytes

!
hostname RA
!
!
route-map netbig permit 10
  match ip address 100
  set next-hop 192.168.3.2
!
route-map netbig permit 20
  match ip address 101
  set next-hop 192.168.4.2
!
!
ip access-list extended 100
  10 permit ip any 192.168.5.0 0.0.0.127
!
!
ip access-list extended 101
  10 permit ip any 192.168.5.128 0.0.0.127
```

```
!
!
interface serial 4/0
 ip address 192. 168. 3. 1 255. 255. 255. 0
!
interface serial 4/1
 clock rate 64000
!
interface FastEthernet 0/0
 ip policy route-map netbig
 ip address 192. 168. 1. 1 255. 255. 255. 0
 duplex auto
 speed auto
!
interface FastEthernet 0/1
 ip address 192. 168. 4. 1 255. 255. 255. 0
 duplex auto
 speed auto
!
router rip
 version 2
 network 192. 168. 1. 0
 network 192. 168. 3. 0
 network 192. 168. 4. 0
 no auto-summary
!
!
line con 0
line aux 0
line vty 0 4
 login
!
!
end


RB#show running-config

Building configuration. . .
Current configuration:670 bytes
!
hostname RB
!
!
enable secret 5  $ 1 $ jhds $ E5Fux411s7D7xpyw
```

```
!
interface serial 4/0
 ip address 192. 168. 3. 2 255. 255. 255. 0
 clock rate 64000
!
interface serial 4/1
 clock rate 64000
!
interface FastEthernet 0/0
 duplex auto
 speed auto
!
interface FastEthernet 0/1
 ip address 192. 168. 5. 1 255. 255. 255. 0
 duplex auto
 speed auto
!
router rip
 version 2
 network 192. 168. 3. 0
 network 192. 168. 5. 0
!
line con 0
line aux 0
line vty 0 4
 login
!
end


RC#show running-config

Building configuration. . .
Current configuration:551 bytes
!
hostname RC
!
interface FastEthernet 0/0
 ip address 192. 168. 4. 2 255. 255. 255. 0
 duplex auto
 speed auto
!
interface FastEthernet 0/1
 ip address 192. 168. 5. 2 255. 255. 255. 0
 duplex auto
```

```
      speed auto
!
router rip
 version 2
 network 192. 168. 4. 0
 network 192. 168. 5. 0
 no auto-summary
!
line con 0
line aux 0
line vty 0 4
 login
!
end
```

实验 3　配置基于报文长度的策略路由

【实验名称】

配置基于报文长度的策略路由。

【实验目的】

通过本实验可以理解策略在基于报文长度的策略路由原理。

【背景描述】

某公司网络拓扑如图 4-7 所示，为了网络的稳定性，公司网络通过两台路由器连接到外部网络中。为了实现更好的网络管理，网络管理员要求，网络中主机访问外网的报文长度在 150 ~ 1500 字节时，通过路由器 RB，当网络中主机访问外网的报文长度小于 150 字节时通过路由器 RC。

【需求分析】

在路由器 RA 上配置基于报文长度的策略路由，这样可以对不同长度的报文指定不同的转发路径。

【实验拓扑】

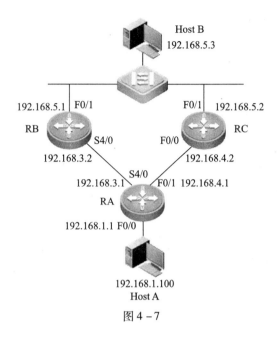

Host B
192.168.5.3

192.168.5.1 | F0/1   F0/1 | 192.168.5.2
RB   RC
S4/0   F0/0
192.168.3.2   192.168.4.2

S4/0
192.168.3.1 F0/1 192.168.4.1
RA

192.168.1.1 F0/0

192.168.1.100
Host A

图 4 - 7

【实验设备】

路由器　　　3 台
二层交换机　1 台
主机　　　　2 台（其中 Host B 安装 Ethereal 以便于抓包分析）

【预备知识】

路由器基本配置知识、IP 路由知识、PBR 工作原理

【实验原理】

在路由器 RA 上配置基于报文长度的策略路由后，对流经端口 F0/0 的数据检查其报文长度。对于长度在 150 ~ 1500 字节的数据包，将其发送到路由器 RB 的 S4/0 接口；对于长度小于 150 字节的数据包，将其发送到路由器 RC 的 F0/0 接口。

【实验步骤】

第一步：在路由器上配置 IP 路由选择和 IP 地址

```
RA#configure terminal
RA(config)#interface serial 4/0
RA(config-if)#ip address 192.168.3.1 255.255.255.0
RA(config-if)#exit
RA(config)#interface FastEthernet 0/0
RA(config-if)#ip address 192.168.1.1 255.255.255.0
RA(config-if)#exit
RA(config)#interface FastEthernet 0/1
RA(config-if)#ip address 192.168.4.1 255.255.255.0
```

RA(config-if)#exit

RB#configure terminal
RB(config)#interface serial 4/0
RB(config-if)#ip address 192. 168. 3. 2 255. 255. 255. 0
RB(config-if)#exit
RB(config)#interface fastEthernet 0/1
RB(config-if)#ip address 192. 168. 5. 1 255. 255. 255. 0
RB(config-if)#exit

RC#configure terminal
RC(config)#interface FastEthernet 0/0
RC(config-if)#ip address 192. 168. 4. 2 255. 255. 255. 0
RC(config-if)#exit
RC(config)#interface fastEthernet 0/1
RC(config-if)#ip address 192. 168. 5. 2 255. 255. 255. 0
RC(config-if)#exit

第二步：在网络中配置 RIP

RA(config)#router rip
RA(config-router)#version 2
RA(config-router)#network 192. 168. 1. 0
RA(config-router)#network 1982. 168. 3. 0
RA(config-router)#network 192. 168. 4. 0
RA(config-router)#no auto-summary

RB(config)#router rip
RB(config-router)#version 2
RB(config-router)#network 192. 168. 3. 0
RB(config-router)#network 192. 168. 5. 0
RB(config-router)#no auto-summary

RC(config)#router rip
RC(config-router)#version 2
RC(config-router)#network 192. 168. 4. 0
RC(config-router)#network 192. 168. 5. 0
RC(config-router)#no auto-summary

第三步：配置策略路由

RA(config)#route-map netbig permit 10
! 创建名为 netbig 的 route-map
RA(config-route-map)#match length 0 150
! 配置报文长度小于 150 字节的匹配规则
RA(config-route-map)#set ip next-hop 192. 168. 3. 2
! 设置报文长度小于 150 字节的报文的下一跳地址为 192. 168. 3. 2

RA（config-route-map）#exit

RA（config）#route-map netbig permit 20

RA（config-route-map）#match length 150 1500

！ 配置报文长度在 150～1500 字节的匹配规则

RA（config-route-map）#set ip next-hop 192.168.4.2

！ 设置报文长度在 150～1500 字节的报文的下一跳地址为 192.168.4.2

RA（config-route-map）#exit

第四步：在报文的入站接口应用 route-map

RA（config）#interface FastEthernet 0/0

RA（config-if）#ip policy route-map netbig

RA（config-if）#exit

第五步：验证测试

在路由器 RB 和 RC 上用 show interface 命令查看路由器端口的 MAC 地址。

RB#show interface fastEthernet 0/1

Index（dec）:4（hex）:4

fastEthernet 0/1 is UP,line protocol is UP

Hardware is PQ3 TSEC FAST ETHERNET CONTROLLER FastEthernet,address is **00d0. f8a5. e0cc**

（**bia 00d0. f8a5. e0cc**）

Interface address is:192.168.5.1/24

ARP type:ARPA,ARP Timeout:3600 seconds

　MTU 1500 bytes,BW 1000000 Kbit

　Encapsulation protocol is Ethernet-II,loopback not set

　Keepalive interval is 10 sec,set

　Carrier delay is 2 sec

　RXload is 1,Txload is 1

　Queueing strategy:FIFO

　　Output queue 0/40,0 drops;

　　Input queue 0/75,0 drops

　Link Mode:100M/Full-Duplex,media-type is twisted-pair.

　Output flowcontrol is off;Input flowcontrol is off.

　5 minutes input rate 122 bits/sec,0 packets/sec

　5 minutes output rate 137 bits/sec,0 packets/sec

　　1038 packets input,427242 bytes,0 no buffer,0 dropped

　　Received 138 broadcasts,0 runts,0 giants

　　0 input errors,0 CRC,0 frame,0 overrun,0 abort

　　317 packets output,39521 bytes,0 underruns,0 dropped

　　0 output errors,0 collisions,6 interface resets

RC#show int fa 0/1

Index（dec）:2（hex）:2

FastEthernet 0/1 is UP,line protocol is UP

Hardware is MPC8248 FCC FAST ETHERNET CONTROLLER FastEthernet，address is **00d0. f86b. 38b1**（bia **00d0. f86b. 38b1**）

Interface address is：192. 168. 5. 2/24

ARP type：ARPA，ARP Timeout：3600 seconds

MTU 1500 bytes，BW 100000 Kbit

Encapsulation protocol is Ethernet-II，loopback not set

Keepalive interval is 10 sec，set

Carrier delay is 2 sec

RXload is 1，Txload is 1

Queueing strategy：FIFO

Output queue 0/40，0 drops；

Input queue 0/75，0 drops

Link Mode：100M/Full-Duplex

5 minutes input rate 41 bits/sec，0 packets/sec

5 minutes output rate 316 bits/sec，0 packets/sec

278 packets input，33291 bytes，0 no buffer，0 dropped

Received 265 broadcasts，0 runts，0 giants

0 input errors，0 CRC，0 frame，0 overrun，0 abort

755 packets output，400202 bytes，0 underruns，0 dropped

0 output errors，0 collisions，2 interface resets

从上面 show 命令输出结果可以看到路由器 RB 的 F0/1 端口的 MAC 地址为 00d0. f8a5. e0cc，路由器 RC 的 F0/1 端口的 MAC 地址为 00d0. f86b. 38b1。

在主机 HosA 上用命令 ping 192. 168. 5. 3 -l 100 测试小包发送路径，同时在主机 HostB 上开启 Ethereal 进行抓包，抓包结果如下。

```
▷ Frame 10 (114 bytes on wire, 114 bytes captured)
▷ Ethernet II, Src: 00:d0:f8:a5:e0:cc, Dst: 00:1b:fc:a6:ae:e2
▷ Internet Protocol, Src Addr: 192.168.1.100 (192.168.1.100), Dst Addr: 192.168.5.3 (192.168.
▷ Internet Control Message Protocol
```

从捕获到的数据包可以看到，当发出的 ping 报文大小为 100 字节时，主机 HostB 收到的数据帧的源 MAC 地址为 00d0. f8a5. e0cc，说明此数据帧经路由器 RB 发送给主机 HostB。

在主机 HosA 上用命令 ping 192. 168. 5. 3 -l 1000 测试大包发送路径，同时在主机 HostB 上开启 Ethereal 进行抓包，抓包结果如下。

```
▷ Frame 1 (1014 bytes on wire, 1014 bytes captured)
▷ Ethernet II, Src: 00:d0:f8:6b:38:b1, Dst: 00:1b:fc:a6:ae:e2
▷ Internet Protocol, Src Addr: 192.168.1.100 (192.168.1.100), Dst Addr: 192.168.5.3 (192.168.
▷ Internet Control Message Protocol
```

从捕获到的数据包可以看到，当发出的 ping 报文大小为 1000 字节时，主机 HostB 收到的数据帧的源 MAC 地址为 00d0. f86b. 38b1，说明此数据帧经路由器 RB 发送给主机 HostB。

【注意事项】

- 需要将 route-map 应用在报文的入接口上 PBR 才会生效。
- 当使用基于报文长度的策略路由时，这里的报文长度是指三层报文长度，即包括 IP 报头的长度。

【参考配置】

```
RA#show running-config
Building configuration...
Current configuration:883 bytes
!
hostname RA
!
route-map netbig permit 10
  match length 0 150
  set ip next-hop 192.168.3.2
!
route-map netbig permit 20
  match length 150 1500
  set ip next-hop 192.168.4.2
!
interface serial 4/0
  ip address 192.168.3.1 255.255.255.0
!
interface serial 4/1
  clock rate 64000
!
interface Fasthernet 0/0
  ip policy route-map netbig
  ip address 192.168.1.1 255.255.255.0
  duplex auto
  speed auto
!
interface FastEthernet 0/1
  ip address 192.168.4.1 255.255.255.0
  duplex auto
  speed auto
!
router rip
  version 2
  network 192.168.1.0
  network 192.168.3.0
  network 192.168.4.0
  no auto-summary
!
line con 0
line aux 0
line vty 0 4
  login
```

```
!
end

RB#show running-config
Building configuration...
Current configuration:670 bytes
!
hostname RB
!
enable secret 5  $ 1 $ jhds $ E5Fux411s7D7xpyw
!
interface serial 4/0
 ip address 192. 168. 3. 2 255. 255. 255. 0
 clock rate 64000
!
interface serial 4/1
 clock rate 64000
!
interface FastEthernet 0/0
 duplex auto
 speed auto
!
interface FastEthernet 0/1
 ip address 192. 168. 5. 1 255. 255. 255. 0
 duplex auto
 speed auto
!
router rip
 version 2
 network 192. 168. 3. 0
 network 192. 168. 5. 0
!
line con 0
line aux 0
line vty 0 4
 login
!
end

RC#show running-config
Building configuration...
Current configuration:551 bytes
!
hostname RC
!
```

```
interface FastEthernet 0/0
 ip address 192. 168. 4. 2 255. 255. 255. 0
 duplex auto
 speed auto
!
interface FastEthernet 0/1
 ip address 192. 168. 5. 2 255. 255. 255. 0
 duplex auto
 speed auto
!
router rip
 version 2
 network 192. 168. 4. 0
 network 192. 168. 5. 0
 no auto-summary
!
line con 0
line aux 0
line vty 0 4
 login
!
end
```

第五章 路由选择控制与路由重发布实验

实验 1 配置 RIP 被动接口

【实验名称】

配置 RIP 被动接口。

【实验目的】

使用 RIP 被动接口控制路由更新。

【背景描述】

某企业拥有两个子网，分别为 172.16.2.0/24 和 172.16.3.0/24，并采用 RIPv2 动态路由协议实现网络中的路由更新。为了提高链路的冗余性，企业使用两个边缘路由器连接到 ISP。但网络管理员发现，当在两台边缘路由器上启用 RIP 路由协议后，RIP 路由更新也会从连接 ISP 的链路上通告出去，这样产生的问题是 RIP 定期发送的路由更新会占用宝贵的 WAN 链路的带宽资源，并且将企业内部的路由信息发送到 ISP 没有任何意义。

【需求分析】

为了禁止企业网络的出口路由器向 ISP 发布 RIP 路由更新，可以将出口路由器连接 ISP 的接口配置为 RIP 被动接口。

【实验拓扑】

拓扑如图 5 - 1 所示。

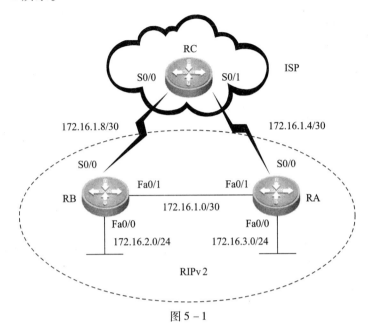

图 5 - 1

【实验设备】

路由器 3 台（其中一台用于模拟 ISP 路由器）

【预备知识】

路由器基本配置知识、IP 路由知识、RIP 工作原理、RIP 被动接口知识

【实验原理】

当接口被配置为 RIP 被动接口后，此接口将不会向外发布 RIP 路由更新，但是会接收 RIP 路由更新。

【实验步骤】

第一步：配置 IP 地址

```
RA#configure terminal
RA(config)#interface Serial 0/0
RA(config-if)#ip address 172. 16. 1. 5 255. 255. 255. 252
RA(config-if)#exit
RA(config)#interface FastEthernet 0/1
RA(config-if)#ip address 172. 16. 1. 1 255. 255. 255. 252
RA(config-if)#exit
RA(config)#interface FastEthernet 0/0
RA(config-if)#ip address 172. 16. 3. 1 255. 255. 255. 0
RA(config-if)#exit
```

```
RB#configure terminal
RB(config)#interface Serial 0/0
RB(config-if)#ip address 172.16.1.9 255.255.255.252
RB(config-if)#exit
RB(config)#interface FastEthernet 0/1
RB(config-if)#ip address 172.16.1.2 255.255.255.252
RB(config-if)#exit
RB(config)#interface FastEthernet 0/0
RB(config-if)#ip address 172.16.2.1 255.255.255.0
RB(config-if)#exit


RC#configure terminal
RC(config)#interface Serial 0/0
RC(config-if)#ip address 172.16.1.10 255.255.255.252
RC(config-if)#exit
RC(config)#interface Serial 0/1
RC(config-if)#ip address 172.16.1.6 255.255.255.252
RC(config-if)#exit
```

第二步：配置 RIP 和静态路由

```
RA(config)#router rip
RA(config-router)#version 2
RA(config-router)#network 172.16.0.0
RA(config-router)#no auto-summary


RB(config)#router rip
RB(config-router)#version 2
RB(config-router)#network 172.16.0.0
RB(config-router)#no auto-summary


RC(config)#ip route 172.16.2.0 255.255.255.0 Serial 0/0
RC(config)#ip route 172.16.3.0 255.255.255.0 Serial 0/1
! 由于 RC 不运行 RIP,所以需要配置到达企业网络的静态路由
```

第三步：验证测试

在 RA 和 RB 上使用命令 debug ip rip packet send 来查看 RIP 更新的发送情况：

```
RA#debug ip rip packet send
Mar   2 04:49:33 RA %7:[RIP]Prepare to send MULTICAST response...
Mar   2 04:49:33 RA %7:[RIP]Building update entries on FastEthernet 0/0
Mar   2 04:49:33 RA %7:[RIP]Send packet to 224.0.0.9 Port 520 on FastEthernet 0/0
Mar   2 04:49:33 RA %7:[RIP]Prepare to send MULTICAST response...
Mar   2 04:49:33 RA %7:[RIP]Building update entries on FastEthernet 0/1
Mar   2 04:49:33 RA %7:[RIP]Send packet to 224.0.0.9 Port 520 on FastEthernet 0/1
```

Mar　2 04:49:33 RA %7:[RIP]Prepare to send MULTICAST response...

Mar　2 04:49:33 RA %7:[RIP]Building update entries on Serial 0/1

Mar　2 04:49:33 RA %7:[RIP]**Send packet to 224. 0. 0. 9 Port 520 on Serial 0/0**

RB#debug ip rip packet send

Mar　2 04:52:28 RB %7:[RIP]Prepare to send MULTICAST response...

Mar　2 04:52:28 RB %7:[RIP]Building update entries on FastEthernet 0/0

Mar　2 04:52:28 RB %7:[RIP]**Send packet to 224. 0. 0. 9 Port 520 on FastEthernet 0/0**

Mar　2 04:52:28 RB %7:[RIP]Prepare to send MULTICAST response...

Mar　2 04:52:28 RB %7:[RIP]Building update entries on FastEthernet 0/1

Mar　2 04:52:28 RB %7:[RIP]**Send packet to 224. 0. 0. 9 Port 520 on FastEthernet 0/1**

Mar　2 04:52:28 RB 0 %7:[RIP]Prepare to send MULTICAST response...

Mar　2 04:52:28 RB %7:[RIP]Building update entries on Serial 0/1

Mar　2 04:52:28 RB %7:[RIP]**Send packet to 224. 0. 0. 9 Port 520 on Serial 0/0**

从 RA 和 RB 的调试输出信息可以看到，RA 和 RB 会从 WAN 链路接口 S0/0 发送 RIP 路由更新到 ISP 路由器。

第四步：配置被动接口

RA(config)#router rip

RA(config-router)#passive – interface Serial 0/0

! 将路由器 RA 的 S0/0 接口配置为被动接口

RB(config)#router rip

RB(config-router)#passive – interface Serial 0/0

! 将路由器 RB 的 S0/0 接口配置为被动接口

第五步：验证测试

在 RA 和 RB 上使用命令 debug ip rip packet send 来查看 RIP 更新的发送情况：

RA#debug ip rip packet send

Mar　2 06:12:17 RA %7:[RIP]Prepare to send MULTICAST response...

Mar　2 06:12:17 RA %7:[RIP]Building update entries on FastEthernet 0/0

Mar　2 06:12:17 RA %7:[RIP]**Send packet to 224. 0. 0. 9 Port 520 on FastEthernet 0/0**

Mar　2 06:12:17 RA %7:[RIP]Prepare to send MULTICAST response...

Mar　2 06:12:17 RA %7:[RIP]Building update entries on FastEthernet 0/1

Mar　2 06:12:17 RA %7:[RIP]**Send packet to 224. 0. 0. 9 Port 520 on FastEthernet 0/1**

RB#debug ip rip packet send

Mar　2 07:02:07 RB %7:[RIP]Prepare to send MULTICAST response...

Mar　2 07:02:07 RB %7:[RIP]Building update entries on FastEthernet 0/0

Mar　2 07:02:07 RB %7:[RIP]**Send packet to 224. 0. 0. 9 Port 520 on FastEthernet 0/0**

Mar　2 07:02:07 RB %7:[RIP]Prepare to send MULTICAST response...

Mar　2 07:02:07 RB %7:[RIP]Building update entries on FastEthernet 0/1

Mar 2 07:02:07 RB %7:[RIP]**Send packet to 224.0.0.9 Port 520 on FastEthernet 0/1**

从调试输出结果可以看到，当 RA 和 RB 在接口 S0/0 上配置了 RIP 被动接口后，RA 和 RB 不再从 S0/0 接口向外发送 RIP 路由更新报文。

【注意事项】

RIP 被动接口不会发送路由更新，但是该接口的子网信息仍然会从其它接口通告出去。

【参考配置】

```
RA#show running-config

Building configuration. . .
Current configuration:721 bytes

!
hostname RA
!
enable secret 5 $1$db44$8x67vy78Dz5pq1xD
!
interface Serial 0/0
 ip address 172.16.1.5 255.255.255.252
!
interface FastEthernet 0/0
 ip address 172.16.3.1 255.255.255.0
 duplex auto
 speed auto
!
interface FastEthernet 0/1
 ip address 172.16.1.1 255.255.255.252
 duplex auto
 speed auto
!
router rip
 version 2
 passive-interface serial 0/0
 network 172.16.0.0
 no auto-summary
!
line con 0
line aux 0
line vty 0 4
 login
!
end
```

RB#show running-config

Building configuration. . .
Current configuration：721 bytes

!
hostname RB
!
enable secret 5 ＄1＄db44＄8x67vy78Dz5pq1xD
!
interface Serial 0/0
 ip address 172. 16. 1. 9 255. 255. 255. 252
!
interface FastEthernet 0/0
 ip address 172. 16. 2. 1 255. 255. 255. 0
 duplex auto
 speed auto
!
interface FastEthernet 0/1
 ip address 172. 16. 1. 2 255. 255. 255. 252
 duplex auto
 speed auto
!
router rip
 version 2
 passive-interface serial 0/0
 network 172. 16. 0. 0
 no auto-summary
!
line con 0
line aux 0
line vty 0 4
 login
!
end

RC#show running-config

Building configuration. . .
Current configuration：682 bytes

!
hostname RC
!
enable secret 5 ＄1＄db44＄8x67vy78Dz5pq1xD

```
!
interface Serial 0/0
 ip address 172. 16. 1. 10 255. 255. 255. 252
!
interface Serial 0/1
 ip address 172. 16. 1. 6 255. 255. 255. 252
!
interface FastEthernet 0/0
 duplex auto
 speed auto
!
interface FastEthernet 0/1
 duplex auto
 speed auto
!
ip route 172. 16. 2. 0 255. 255. 255. 0 serial 0/0
ip route 172. 16. 3. 0 255. 255. 255. 0 serial 0/1
!
line con 0
line aux 0
line vty 0 4
 login
!
end
```

实验 2　配置 OSPF 被动接口

【实验名称】

配置 OSPF 被动接口。

【实验目的】

使用 OSPF 被动接口控制路由更新。

【背景描述】

某企业网络使用 OSPF 提供路由选择功能，并且在路由器的所有接口上都启用了 OSPF。但网络管理员发现，路由器连接服务器子网的接口由于启用了 OSPF，导致所有服务器都会收到路由器发送的 Hello 报文和 LSA。由于服务器不需要接收到这些 OSPF 报文，所以需要禁止连接服务器子网的接口发送 OSPF 报文。

【需求分析】

为了禁止 OSPF 路由器接口向服务器子网发送 OSPF 报文，可以将器连接服务器子网的接口配置为 OSPF 被动接口。

【实验拓扑】

拓扑如图 5 - 2 所示。

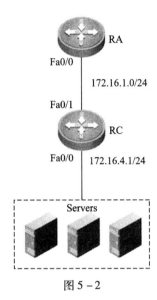

图 5 - 2

【实验设备】

路由器 2 台

【预备知识】

路由器基本配置知识、IP 路由知识、OSPF 工作原理、OSPF 被动接口知识

【实验原理】

将接口配置为 OSPF 被动接口后，此接口将不会发送 OSPF 报文，包括 Hello 报文和 LSA。

【实验步骤】

第一步：配置 IP 地址

RA#configure terminal

RA(config)#interface FastEthernet 0/0

RA(config-if)#ip address 172. 16. 1. 1 255. 255. 255. 0

RA(config-if)#exit

RC#configure terminal

RC(config)#interface FastEthernet 0/0

RC(config-if)#ip address 172. 16. 4. 1 255. 255. 255. 0

RC(config-if)#exit

RC(config)#interface FastEthernet 0/1

RC(config-if)#ip address 172. 16. 1. 2 255. 255. 255. 0

RC(config-if)#exit

第二步：配置 OSPF

```
RA(config)#router ospf 10
RA(config-router)#network 172.16.1.0 0.0.0.255 area 0

RC(config)#router ospf 10
RC(config-router)#network 172.16.1.0 0.0.0.255 area 0
RC(config-router)#network 172.16.4.0 0.0.0.255 area 0
```

第三步：验证测试

在 RC 上使用命令 debug ip ospf packet send 来查看 OSPF 报文的发送情况：

```
RC#debug ip ospf packet send
Sep   7 01:56:21 RC %7:SEND[Hello]:To 224.0.0.5 via FastEthernet 0/1:172.16.1.2, length 48
Sep   7 01:56:26 RC %7:SEND[Hello]:To 224.0.0.5 via FastEthernet 0/0:172.16.4.1, length 44
Sep   7 01:56:31 RC %7:SEND[Hello]:To 224.0.0.5 via FastEthernet 0/1:172.16.1.2, length 48
Sep   7 01:56:36 RC %7:SEND[Hello]:To 224.0.0.5 via FastEthernet 0/0:172.16.4.1, length 44
```

从调试结果可以看到，RC 会从接口 F0/0 和 F0/1 发送 Hello 报文。

第四步：配置被动接口

```
RC(config)#router ospf 10
RC(config-router)#passive-interface FastEthernet 0/0
! 将 RC 的 F0/0 端口配置被动接口
```

第五步：验证测试

在 RC 上使用命令 debug ip ospf packet send 来查看 OSPF 报文的发送情况：

```
RC#debug ip ospf packet send
Sep   7 01:58:16 RC %7:SEND[LS-Upd]:1 LSAs to destination 224.0.0.5
Sep   7 01:58:16 RC %7:SEND[LS-Upd]:To 224.0.0.5 via FastEthernet 0/1:172.16.1.2,length 76
Sep   7 01:58:21 RC %7:SEND[Hello]:To 224.0.0.5 via FastEthernet 0/1:172.16.1.2,length 48
Sep   7 01:58:31 RC %7:SEND[Hello]:To 224.0.0.5 via FastEthernet 0/1:172.16.1.2,length 48
Sep   7 01:58:40 RC %7:SEND[Hello]:To 224.0.0.5 via FastEthernet 0/1:172.16.1.2,length 48
Sep   7 01:58:50 RC %7:SEND[Hello]:To 224.0.0.5 via FastEthernet 0/1:172.16.1.2,length 48
```

从调试信息可以看到，RC 的 F0/0 接口配置为被动接口后，RC 只从 F0/1 接口发送链路状态更新报文和 Hello 报文。

【注意事项】

- 由于 OSPF 被动接口禁止发送 Hello 报文，所以被动接口无法与其他路由器建立邻居关系。
- OSPF 被动接口不会发送 OSPF 报文，但是该接口的子网信息仍然会从其他接口通过 LSA 通告出去。

【参考配置】

RA#show running-config

Building configuration. . .
Current configuration：699 bytes

!
hostname RA
!

enable secret 5 ＄1＄db44＄8x67vy78Dz5pq1xD
!
interface FastEthernet 0/0
　ip address 172. 16. 1. 1 255. 255. 255. 0
　duplex auto
　speed auto
!
interface FastEthernet 0/1
　duplex auto
　speed auto
!
router ospf 10
　network 172. 16. 1. 0 0. 0. 0. 255 area 0
!
line con 0
line aux 0
line vty 0 4
　login
!
end！

RC#show running-config

Building configuration. . .
Current configuration：660 bytes

!
hostname RC
!
enable secret 5 ＄1＄db44＄8x67vy78Dz5pq1xD
!
interface FastEthernet 0/0
　ip address 172. 16. 4. 1 255. 255. 255. 0
　duplex auto

```
   speed auto
  !
 interface FastEthernet 0/1
   ip address 172. 16. 1. 2 255. 255. 255. 0
   duplex auto
   speed auto
  !
  !
 router ospf 10
   passive-interface FastEthernet 0/0
   network 172. 16. 1. 0 0. 0. 0. 255 area 0
   network 172. 16. 4. 0 0. 0. 0. 255 area 0
  !
 line con 0
 line aux 0
 line vty 0 4
   login
  !
 end
```

实验 3　配置 RIP 与 OSPF 路由重分发

【实验名称】

配置 RIP 与 OSPF 路由重分发。

【实验目的】

掌握在不同路由协议之间进行路由重分发的配置，以及使用 route-map 控制重分发的操作。

【背景描述】

某企业 A 网络中运行 OSPF 路由协议，近期刚刚收购了另一家企业 B，企业 B 网络中运行的是 RIPv2 路由协议，网络管理员希望这两家企业的网络完全融合，相互能够交换路由信息。但是由于业务上的需求，企业 A 不需要获得企业 B 子网 192. 168. 2. 0/24 的路由信息。

【需求分析】

为了使两个企业能够获得对方网络的路由信息，可以使用路由重分发技术实现，并且在进行路由重分发时，可以配置重分发的规则，使得使用符合规则的路由才会被重分发到另一个路由域中。

【实验拓扑】

拓扑如图 5 - 3 所示。

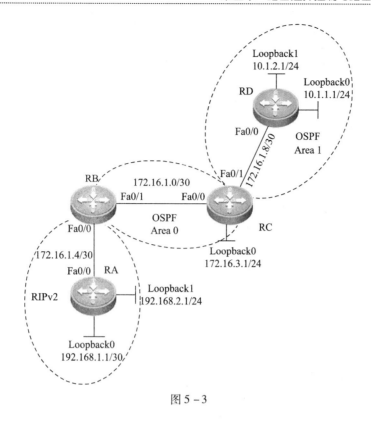

图 5 - 3

【实验设备】

路由器 4 台

【预备知识】

路由器基本配置知识、IP 路由知识、RIP 工作原理、OSPF 工作原理、路由重分发原理、route-map 的操作方式

【实验原理】

在运行不同路由协议的网络边界路由器上配置路由重分发，能够将从一种路由协议学习到的路由信息发布到运行另一种路由协议的网络中，例如将通过 RIP 学习到的路由信息发布到运行 OSPF 中。并且，在进行路由重分发时，可以使用 route-map 来控制重分发的操作，只有 route-map 允许的路由才会被重分发。

【实验步骤】

第一步：在路由器上配置 IP 路由选择和 IP 地址

```
RA#configure terminal
RA(config)#interface FastEthernet 0/0
RA(config-if)#ip address 172. 16. 1. 5 255. 255. 255. 252
RA(config-if)#exit
RA(config)#interface Loopback 0
RA(config-if)#ip address 192. 168. 1. 1 255. 255. 255. 252
RA(config-if)#exit
```

RA（config）#interface Loopback 1

RA（config-if）#ip address 192. 168. 2. 1 255. 255. 255. 0

RA（config-if）#exit

RB#configure terminal

RB（config）#interface FastEthernet 0/0

RB（config-if）#ip address 172. 16. 1. 6 255. 255. 255. 252

RB（config-if）#exit

RB（config）#interface FastEthernet 0/1

RB（config-if）#ip address 172. 16. 1. 1 255. 255. 255. 252

RB（config-if）#exit

RC#configure terminal

RC（config）#interface FastEthernet 0/0

RC（config-if）#ip address 172. 16. 1. 2 255. 255. 255. 252

RC（config-if）#exit

RC（config）#interface FastEthernet 0/1

RC（config-if）#ip address 172. 16. 1. 9 255. 255. 255. 252

RC（config-if）#exit

RC（config）#interface Loopback 0

RC（config-if）#ip address 172. 16. 3. 1 255. 255. 255. 0

RC（config-if）#exit

RD#configure terminal

RD（config）#interface FastEthernet 0/0

RD（config-if）#ip address 172. 16. 1. 10 255. 255. 255. 252

RD（config-if）#exit

RD（config）#interface Loopback 0

RD（config-if）#ip address 10. 1. 1. 1 255. 255. 255. 0

RD（config-if）#exit

RD（config）#interface Loopback 1

RD（config-if）#ip address 10. 1. 2. 1 255. 255. 255. 0

RD（config-if）#exit

第二步：配置 RIP 和 OSPF

RA（config）#router rip

RA（config-router）#network 192. 168. 1. 0

RA（config-router）#network 192. 168. 2. 0

RA（config-router）#network 172. 16. 0. 0

RA（config-router）#version 2

RA（config-router）#no auto – summary

RB（config）#router ospf 10

RB（config-router）#network 172. 16. 1. 0 0. 0. 0. 3 area 0

RB（config-router）#exit

RB(config)#router rip

RB(config-router)#version 2

RB(config-router)#network 172. 16. 0. 0

RB(config-router)#no auto-summary

RC(config)#router ospf 10

RC(config-router)#network 172. 16. 1. 0 0. 0. 0. 3 area 0

RC(config-router)#network 172. 16. 1. 8 0. 0. 0. 3 area 1

RC(config-router)#network 172. 16. 3. 0 0. 0. 0. 255 area 0

RD(config)#router ospf 10

RD(config-router)#network 10. 1. 1. 0 0. 0. 0. 255 area 1

RD(config-router)#network 10. 1. 2. 0 0. 0. 0. 255 area 1

RD(config-router)#network 172. 16. 1. 8 0. 0. 0. 3 area 1

第三步：配置路由重分发

RB(config)#ip access-list standard deny_rip

RB(config-std-nacl)#permit 192. 168. 2. 0 0. 0. 0. 255

！配置访问控制列表以匹配不被重分发的路由

RB(config-std-nacl)#exit

RB(config)#route-map rip_to_ospf deny 10

RB(config-route-map)#match ip address deny_rip

！配置拒绝重分发符合访问控制列表的路由

RB(config-route-map)#exit

RB(config)#route-map rip_to_ospf permit 20

！配置允许重分发其他所有的路由

RB(config-route-map)#exit

RB(config)#router ospf 10

RB(config-router)#redistribute rip metric 50 subnets route-map rip_to_ospf

！配置将 RIP 路由重分发到 OSPF 中，并且使用 route-map 控制重分发的路由

RB(config-router)#redistribute connected subnets

！配置将直连路由重分发到 OSPF 中

RB(config)#router rip

RB(config-router)#redistribute ospf metric 1

！配置将 OSPF 路由重分发到 RIP 中

RB(config-router)#redistribute connected

！配置将直连路由重分发到 RIP 中

第四步：验证测试

使用 show ip route 命令验证路由重分发的结果：

RA#show ip route

Codes：C – connected，S – static，R – RIP B – BGP

　　　O – OSPF，IA – OSPF inter area

N1 – OSPF NSSA external type 1 , N2 – OSPF NSSA external type 2

E1 – OSPF external type 1 , E2 – OSPF external type 2

i – IS – IS , L1 – IS – IS level – 1 , L2 – IS – IS level – 2 , ia – IS – IS inter area

* – candidate default

Gateway of last resort is no set

R   10. 1. 1. 1/32 [120/1] via 172. 16. 1. 6 , 00 : 00 : 13 , FastEthernet 0/0

R   10. 1. 2. 1/32 [120/1] via 172. 16. 1. 6 , 00 : 00 : 13 , FastEthernet 0/0

R   172. 16. 1. 0/30 [120/1] via 172. 16. 1. 6 , 00 : 00 : 13 , FastEthernet 0/0

C   172. 16. 1. 4/30 is directly connected , FastEthernet 0/0

C   172. 16. 1. 5/32 is local host.

R   172. 16. 1. 8/30 [120/1] via 172. 16. 1. 6 , 00 : 00 : 13 , FastEthernet 0/0

R   172. 16. 3. 1/32 [120/1] via 172. 16. 1. 6 , 00 : 00 : 13 , FastEthernet 0/0

C   192. 168. 1. 0/30 is directly connected , Loopback 0

C   192. 168. 1. 1/32 is local host.

C   192. 168. 2. 0/24 is directly connected , Loopback 1

C   192. 168. 2. 1/32 is local host.

R   200. 1. 1. 1/24 [120/1] via 172. 16. 1. 6 , 00 : 00 : 13 , FastEthernet 0/0

从 RA 的路由表可以看到，RA 学习到了被重分发的 OSPF 子网的路由信息。

RD#show ip route

Codes : C – connected , S – static , R – RIP B – BGP

       O – OSPF , IA – OSPF inter area

       N1 – OSPF NSSA external type 1 , N2 – OSPF NSSA external type 2

       E1 – OSPF external type 1 , E2 – OSPF external type 2

       i – IS – IS , L1 – IS – IS level – 1 , L2 – IS – IS level – 2 , ia – IS – IS inter area

       * – candidate default

Gateway of last resort is no set

C   10. 1. 1. 0/24 is directly connected , Loopback 0

C   10. 1. 1. 1/32 is local host.

C   10. 1. 2. 0/24 is directly connected , Loopback 1

C   10. 1. 2. 1/32 is local host.

O IA 172. 16. 1. 0/30 [110/2] via 172. 16. 1. 9 , 00 : 16 : 04 , FastEthernet 0/0

O E2 172. 16. 1. 4/30 [110/20] via 172. 16. 1. 9 , 00 : 16 : 03 , FastEthernet 0/0

C   172. 16. 1. 8/30 is directly connected , FastEthernet 0/0

C   172. 16. 1. 10/32 is local host.

O IA 172. 16. 3. 0/24 [110/1] via 172. 16. 1. 9 , 00 : 16 : 04 , FastEthernet 0/0

O E2 192. 168. 1. 0/30 [110/50] via 172. 16. 1. 9 , 00 : 11 : 47 , FastEthernet 0/0

C   200. 1. 1. 0/24 is directly connected , Loopback 2

C   200. 1. 1. 1/32 is local host.

从 RD 的路由表可以看到，RD 可以学习到被重分发的 RIP 路由，除了子网 192. 168. 2. 0/

24，因为 RB 在进行重分发时阻止了该路由被重分发到 OSPF 中。

【注意事项】

- 在配置重分发时，如果不使用 redistribute connected 命令，直连路由不会被重分发。
- 在 route-map 的最后隐藏着一个 deny any 的子句，所以本实验中创建的序号为 20 的 route-map，否则所有路由都不会被重分发。
- 当配置将路由重分发到 OSPF 中时，如果不使用 subnets 参数，那么只有主类网络被重分发。
- 在本例中，RA 在接收到重分发的路由时，跳数为 1（配置的种子度量值），而不再将其加 1。因为 RIP 路由器是在通告路由时将跳数加 1，重分发路由器直接会使用种子度量值通告路由。

【参考配置】

```
RA#show running-config

Building configuration...
Current configuration :664 bytes
!
hostname RA
!
!
interface FastEthernet 0/0
 ip address 172.16.1.5 255.255.255.252
 duplcx auto
 speed auto
!
interface FastEthernet 0/1
 duplex auto
 speed auto
!
interface Loopback 0
 ip address 192.168.1.1 255.255.255.252
!
interface Loopback 1
 ip address 192.168.2.1 255.255.255.0
!
!
router rip
 version 2
 network 172.16.0.0
 network 192.168.1.0
 network 192.168.2.0
 no auto-summary
!
```

```
!
line con 0
line aux 0
line vty 0 4
  login
!
!
end

RB#show running-config
Building configuration. . .
Current configuration :783 bytes

!
hostname RB
!
!
route-map rip_to_ospf deny 10
  match ip address deny_rip
!
route-map rip_to_ospf permit 20
!
!
!
ip access-list standard deny_rip
  10 permit 192. 168. 2. 0 0. 0. 0. 255
!
interface FastEthernet 0/0
  ip address 172. 16. 1. 6 255. 255. 255. 252
  duplex auto
  speed auto
!
interface FastEthernet 0/1
  ip address 172. 16. 1. 1 255. 255. 255. 252
  duplex auto
  speed auto
!
!
router ospf 10
  redistribute connected subnets
  redistribute rip metric 50 subnets route-map rip_to_ospf
  network 172. 16. 1. 0 0. 0. 0. 3 area 0
!
!
router rip
```

```
version 2
network 172. 16. 0. 0
no auto-summary
redistribute connected
redistribute ospf metric 1
!
!
!
!
line con 0
line aux 0
line vty 0 4
 login
!
end

RC#show running-config

Building configuration. . .
Current configuration :707 bytes

!
hostname RC
!
!
interface FastEthernet 0/0
 ip address 172. 16. 1. 2 255. 255. 255. 252
 duplex auto
 speed auto
!
interface FastEthernet 0/1
 ip address 172. 16. 1. 9 255. 255. 255. 252
 duplex auto
 speed auto
!
interface Loopback 0
 ip address 172. 16. 3. 1 255. 255. 255. 0
!
!
!
!
router ospf 10
  network 172. 16. 1. 0 0. 0. 0. 3 area 0
  network 172. 16. 1. 8 0. 0. 0. 3 area 1
  network 172. 16. 3. 0 0. 0. 0. 255 area 0
```

```
!
!
!
!
line con 0
line aux 0
line vty 0 4
 login
!
!
end

RD#show running-config

Building configuration...
Current configuration :736 bytes

!
hostname RD
!
!
interface FastEthernet 0/0
 ip address 172. 16. 1. 10 255. 255. 255. 252
 duplex auto
 speed auto
!
interface FastEthernet 0/1
 duplex auto
 speed auto
!
interface Loopback 0
 ip address 10. 1. 1. 1 255. 255. 255. 0
!
interface Loopback 1
 ip address 10. 1. 2. 1 255. 255. 255. 0
!
interface Loopback 2
 ip address 200. 1. 1. 1 255. 255. 255. 0
!
!
router ospf 10
 network 10. 1. 1. 0 0. 0. 0. 255 area 1
 network 10. 1. 2. 0 0. 0. 0. 255 area 1
 network 172. 16. 1. 8 0. 0. 0. 3 area 1
!
```

```
!
line con 0
line aux 0
line vty 0 4
 login
!
!
end
```

实验 4　配置 RIP 与 IS – IS 路由重分发

【实验名称】

配置 RIP 与 IS – IS 路由重分发。

【实验目的】

掌握在不同路由协议之间进行路由重分发的配置。

【背景描述】

某企业网络中原先运行 RIPv2 路由协议提供路由信息的交换，但是随着网络规模的不断扩大，传统的距离矢量路由协议不能很好地满足网络需求，所以企业决定将网络从 RIPv2 迁移到 IS – IS，以提供更快速的路由收敛。但是网络中存在一部分不支持 IS – IS 路由协议的路由器，所以 RIPv2 和 IS – IS 将在网络中共存，但现在要解决的问题是，网络中使用两种路由协议，需要它们之间共享路由信息，以实现整个网络的互通。

【需求分析】

通过在 RIPv2 和 IS – IS 路由域边界的路由器上配置路由重分发，可以实现运行不同路由协议网络之间的路由信息共享。

【实验拓扑】

拓扑如图 5 – 4 所示。

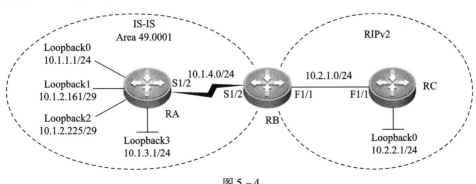

图 5 – 4

【实验设备】

路由器 3 台

【预备知识】

路由器基本配置知识、IP 路由知识、RIP 工作原理、IS – IS 工作原理、路由重分发原理

【实验原理】

在运行不同路由协议的网络边界路由器上配置路由重分发，能够将从一种路由协议学习到的路由信息发布到运行另一种路由协议的网络中，例如将 RIP 学习到的路由信息发布到运行 IS – IS 的网络中。

【实验步骤】

第一步：在路由器上配置 IP 路由选择和 IP 地址

```
RA#configure terminal
RA(config)#interface serial 1/2
RA(config-if)#ip address 10.1.4.2 255.255.255.0
RA(config-if)#exit
RA(config)#interface Loopback 0
RA(config-if)#ip address 10.1.1.1 255.255.255.0
RA(config-if)#exit
RA(config)#interface Loopback 1
RA(config-if)#ip address 10.1.2.161 255.255.255.248
RA(config-if)#exit
RA(config)#interface Loopback 2
RA(config-if)#ip address 10.1.2.225 255.255.255.248
RA(config-if)#exit
RA(config)#interface Loopback 3
RA(config-if)#ip address 10.1.3.1 255.255.255.0
RA(config-if)#exit

RB#configure terminal
RB(config)#interface serial 1/2
RB(config-if)#ip address 10.1.4.1 255.255.255.0
RB(config-if)#clock rate 64000
RB(config-if)#exit
RB(config)#interface FastEthernet 1/0
RB(config-if)#ip address 10.2.1.1 255.255.255.0
RB(config-if)#exit

RC#configure terminal
RC(config)#interface FastEthernet 1/0
RC(config-if)#ip address 10.2.1.2 255.255.255.0
RC(config-if)#exit
```

RC(config)#interface Loopback 0

RC(config-if)#ip address 10. 2. 2. 1 255. 255. 255. 0

RC(config-if)#exit

第二步：配置 RIP 和 IS – IS

RA(config)#router isis

RA(config-router)#net 49. 0001. 0011. 1122. 0002. 00

RA(config-router)#exit

RA(config)#interface serial 1/2

RA(config-if)#ip router isis

RA(config-if)#exit

RA(config)#interface Loopback 0

RA(config-if)#ip router isis

RA(config-if)#exit

RA(config)#interface Loopback 1

RA(config-if)#ip router isis

RA(config-if)#exit

RA(config)#interface Loopback 2

RA(config-if)#ip router isis

RA(config-if)#exit

RA(config)#interface Loopback 3

RA(config-if)#ip router isis

RA(config-if)#exit

RB(config)#router isis

RB(config-router)#net 49. 0001. 0011. 1111. 0001. 00

RB(config-router)#exit

RB(config)#interface serial 1/2

RB(config-if)#ip router isis

RB(config-if)#exit

RB(config)#router rip

RB(config-router)#version 2

RB(config-router)#network 10. 0. 0. 0

RB(config-router)#no auto-summary

RC(config)#router rip

RC(config-router)#version 2

RC(config-router)#network 10. 0. 0. 0

RC(config-router)#no auto-summary

第三步：配置路由重分发

RB(config)#router isis

RB(config-router)#redistribute rip metric 30

！配置将 RIP 路由重分发到 IS – IS 中

RB（config-router）#exit

RB（config）#router rip

RB（config-router）#redistribute isis metric 4

！配置将 IS - IS 路由重分发到 RIP 中

RB（config-router）#redistribute connected

RB（config-router）#exit

第四步：验证测试

使用 show ip route 命令验证路由重分发的结果

RA#show ip route

Codes：C - connected，S - static，R - RIP B - BGP

       O - OSPF，IA - OSPF inter area

       N1 - OSPF NSSA external type 1，N2 - OSPF NSSA external type 2

       E1 - OSPF external type 1，E2 - OSPF external type 2

       i - IS - IS，su - IS - IS summary，L1 - IS - IS level - 1，L2 - IS - IS level - 2

       ia - IS - IS inter area，* - candidate default

Gateway of last resort is no set

C   10. 1. 1. 0/24 is directly connected，Loopback 0

C   10. 1. 1. 1/32 is local host.

C   10. 1. 2. 160/29 is directly connected，Loopback 1

C   10. 1. 2. 161/32 is local host.

C   10. 1. 2. 224/29 is directly connected，Loopback 2

C   10. 1. 2. 225/32 is local host.

C   10. 1. 3. 0/24 is directly connected，Loopback 4

C   10. 1. 3. 1/32 is local host.

C   10. 1. 4. 0/24 is directly connected，serial 1/2

C   10. 1. 4. 2/32 is local host.

i L2 10. 2. 2. 0/24 [115/40] via 10. 1. 4. 1,00：16：25，serial 1/2

通过 RA 的路由表可以看出，RA 已经学习到被重分发的 RIP 路由信息。

RC#show ip route

Codes：C - connected，S - static，R - RIP B - BGP

       O - OSPF，IA - OSPF inter area

       N1 - OSPF NSSA external type 1，N2 - OSPF NSSA external type 2

       E1 - OSPF external type 1，E2 - OSPF external type 2

       i - IS - IS，su - IS - IS summary，L1 - IS - IS level - 1，L2 - IS - IS level - 2

       ia - IS - IS inter area，* - candidate default

Gateway of last resort is no set

R　　10. 1. 1. 0/24［120/4］via 10. 2. 1. 1,00:00:05,FastEthernet 1/0

R　　10. 1. 2. 160/29［120/4］via 10. 2. 1. 1,00:00:05,FastEthernet 1/0

R　　10. 1. 2. 224/29［120/4］via 10. 2. 1. 1,00:00:05,FastEthernet 1/0

R　　10. 1. 3. 0/24［120/4］via 10. 2. 1. 1,00:00:05,FastEthernet 1/0

R　　10. 1. 4. 0/24［120/1］via 10. 2. 1. 1,00:00:05,FastEthernet 1/0

C　　10. 2. 1. 0/24 is directly connected,FastEthernet 1/0

C　　10. 2. 1. 2/32 is local host.

C　　10. 2. 2. 0/24 is directly connected,Loopback 0

C　　10. 2. 2. 1/32 is local host.

通过 RC 的路由表可以看出，RC 已经学习到被重分发的 IS – IS 路由信息。

【注意事项】

- 在配置 IS – IS 时，除了在全局启用 IS – IS，还需要在接口启用 IS – IS。
- 默认情况下，重分发到 IS – IS 的路由等级为 Level – 2。

【参考配置】

RA#show running-config

Building configuration...
Current configuration:978 bytes

!
hostname RA
!
no service password-encryption
!
!
interface serial 1/2
 ip address 10. 1. 4. 2 255. 255. 255. 0
 ip router isis
!
interface serial 1/3
 clock rate 64000
!
interface FastEthernet 1/0
 duplex auto
 speed auto
!
interface FastEthernet 1/1
 duplex auto
 speed auto
!
interface Loopback 0

```
    ip address 10. 1. 1. 1 255. 255. 255. 0
    ip router isis
  !
  interface Loopback 1
    ip address 10. 1. 2. 161 255. 255. 255. 248
    ip router isis
  !
  interface Loopback 2
    ip address 10. 1. 2. 225 255. 255. 255. 248
    ip router isis
  !
  interface Loopback 3
    ip address 10. 1. 3. 1 255. 255. 255. 0
    ip router isis
  !
  router isis
    net 49. 0001. 1122. 0002. 00
  line con 0
  line aux 0
  line vty 0 4
    login
  !
  end


  RB#show running-config

  Building configuration. . .
  Current configuration:771 bytes


  !
  hostname RB
  !
  no service password-encryption
  !
  interface serial 1/2
    ip address 10. 1. 4. 1 255. 255. 255. 0
    ip router isis
    clock rate 64000
  !
  interface serial 1/3
    clock rate 64000
  !
  interface FastEthernet 1/0
    ip address 10. 2. 1. 1 255. 255. 255. 0
    duplex auto
```

```
  speed auto
!
interface FastEthernet 1/1
  duplex auto
  speed auto
!
router isis
  redistribute connected
  redistribute rip metric 30
  net 49.0001.0011.1111.0001.00
!
router rip
  version 2
  network 10.0.0.0
  no auto-summary
  redistribute isis metric 4
!
line con 0
line aux 0
line vty 0 4
  login
!
end
```

RC#show running-config

```
Building configuration. . .
Current configuration:694 bytes

!
hostname RC
!
no service password-encryption
!
interface serial 1/2
  clock rate 64000
!
interface serial 1/3
  clock rate 64000
!
interface FastEthernet 1/0
  ip address 10.2.1.2 255.255.255.0
  duplex auto
  speed auto
!
```

```
interface FastEthernet 1/1
 duplex auto
 speed auto
!
interface Loopback 0
 ip address 10. 2. 2. 1 255. 255. 255. 0
!
router isis
!
router rip
 version 2
 network 10. 0. 0. 0
 no auto-summary
!
line con 0
line aux 0
line vty 0 4
 login
!
end
```

实验 5　配置 OSPF 与 IS－IS 路由重分发

【实验名称】

配置 OSPF 与 IS－IS 路由重分发。

【实验目的】

掌握在不同路由协议之间进行路由重分发的配置。

【背景描述】

某企业 A 网络中运行 IS－IS 路由协议，现在刚刚收购了另一家企业 B，企业 B 网络中运行的是 OSPF 路由协议，网络管理员希望两个企业的网络能够互通，以实现资源的共享。

【需求分析】

为了使两个企业网络能够互通，可以使用路由重分发技术将一个网络中的路由信息通告通告到另一个网络中。

【实验拓扑】

拓扑如图 5－5 所示。

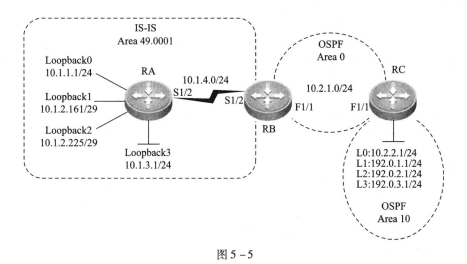

图 5 - 5

【实验设备】

路由器 3 台

【预备知识】

路由器基本配置知识、IP 路由知识、OSPF 工作原理、IS - IS 工作原理、路由重分发原理

【实验原理】

在运行不同路由协议的网络边界路由器上配置路由重发布，能够将从一种路由协议学习到的路由信息发布到运行另一种路由协议的网络中，例如将 OSPF 学习到的路由信息发布到运行 IS - IS 中。

【实验步骤】

第一步：在路由器上配置 IP 路由选择和 IP 地址

```
RA#configure terminal
RA(config)#interface serial 1/2
RA(config-if)#ip address 10.1.4.2 255.255.255.0
RA(config-if)#exit
RA(config)#interface Loopback 0
RA(config-if)#ip address 10.1.1.1 255.255.255.0
RA(config-if)#exit
RA(config)#interface Loopback 1
RA(config-if)#ip address 10.1.2.161 255.255.255.248
RA(config-if)#exit
RA(config)#interface Loopback 2
RA(config-if)#ip address 10.1.2.225 255.255.255.248
RA(config-if)#exit
RA(config)#interface Loopback 3
RA(config-if)#ip address 10.1.3.1 255.255.255.0
RA(config-if)#exit
```

```
RB#configure terminal
RB(config)#interface serial 1/2
RB(config-if)#ip address 10. 1. 4. 1 255. 255. 255. 0
RB(config-if)#clock rate 64000
RB(config-if)#exit
RB(config)#interface FastEthernet 1/0
RB(config-if)#ip address 10. 2. 1. 1 255. 255. 255. 0
RB(config-if)#exit


RC#configure terminal
RC(config)#interface FastEthernet 1/0
RC(config-if)#ip address 10. 2. 1. 2 255. 255. 255. 0
RC(config-if)#exit
RC(config)#interface Loopback 0
RC(config-if)#ip address 10. 2. 2. 1 255. 255. 255. 0
RC(config-if)#exit
RC(config)#interface Loopback 1
RC(config-if)#ip address 192. 0. 1. 1 255. 255. 255. 0
RC(config-if)#exit
RC(config)#interface Loopback 2
RC(config-if)#ip address 192. 0. 2. 1 255. 255. 255. 0
RC(config-if)#exit
RC(config)#interface Loopback 3
RC(config-if)#ip address 192. 0. 3. 1 255. 255. 255. 0
RC(config-if)#exit
```

第二步：配置 OSPF 和 IS – IS

```
RA(config)#router isis
RA(config-router)#net 49. 0001. 0011. 1122. 0002. 00
RA(config-router)#exit
RA(config)#interface serial 1/2
RA(config-if)#ip router isis
RA(config-if)#exit
RA(config)#interface Loopback 0
RA(config-if)#ip router isis
RA(config-if)#exit
RA(config)#interface Loopback 1
RA(config-if)#ip router isis
RA(config-if)#exit
RA(config)#interface Loopback 2
RA(config-if)#ip router isis
RA(config-if)#exit
RA(config)#interface Loopback 3
RA(config-if)#ip router isis
RA(config-if)#exit
```

RB(config)#router isis

RB(config-router)#net 49. 0001. 0011. 1111. 0001. 00

RB(config-router)#exit

RB(config)#interface serial 1/2

RB(config-if)#ip router isis

RB(config-if)#exit

RB(config)#router ospf 10

RB(config-router)#network 10. 2. 1. 0 0. 0. 0. 255 area 0

RC(config)#router ospf 10

RC(config-router)#network 10. 2. 1. 0 0. 0. 0. 255 area 0

RC(config-router)#network 10. 2. 2. 0 0. 0. 0. 255 area 10

RC(config-router)#network 192. 0. 1. 0 0. 0. 0. 255 area 10

RC(config-router)#network 192. 0. 2. 0 0. 0. 0. 255 area 10

RC(config-router)#network 192. 0. 3. 0 0. 0. 0. 255 area 10

第三步：配置重发布

RB(config)#router isis

RB(config-router)#redistribute ospf metric 40 metric-type external level-1

！配置将 OSPF 路由重分发到 IS – IS 中

RB(config-router)#exit

RB(config)#router ospf 10

RB(config-router)#redistribute isis metric 100 subnets

！配置将 IS – IS 路由重分发到 OSPF 中

RB(config-router)#exit

第四步：验证测试

使用 show ip route 命令验证重分发结果

RA#show ip route

Codes：C – connected,S – static,R – RIP B – BGP

　　　O – OSPF,IA – OSPF inter area

　　　N1 – OSPF NSSA external type 1,N2 – OSPF NSSA external type 2

　　　E1 – OSPF external type 1,E2 – OSPF external type 2

　　　i – IS – IS,su – IS – IS summary,L1 – IS – IS level – 1,L2 – IS – IS level – 2

　　　ia – IS – IS inter area, ∗ – candidate default

Gateway of last resort is no set

C　　10. 1. 1. 0/24 is directly connected,Loopback 0

C　　10. 1. 1. 1/32 is local host.

C　　10. 1. 2. 160/29 is directly connected,Loopback 1

C　　10. 1. 2. 161/32 is local host.

C　　10. 1. 2. 224/29 is directly connected,Loopback 2

C 10. 1. 2. 225/32 is local host.

C 10. 1. 3. 0/24 is directly connected, Loopback 4

C 10. 1. 3. 1/32 is local host.

C 10. 1. 4. 0/24 is directly connected, serial 1/2

C 10. 1. 4. 2/32 is local host.

i L2 10. 2. 2. 1/32[115/50]via 10. 1. 4. 1,00:20:05,serial 1/2

i L2 192. 0. 1. 1/32[115/50]via 10. 1. 4. 1,00:20:05,serial 1/2

i L2 192. 0. 2. 1/32[115/50]via 10. 1. 4. 1,00:20:05,serial 1/2

i L2 192. 0. 3. 1/32[115/50]via 10. 1. 4. 1,00:20:05,serial 1/2

通过 RA 的路由表可以看出，RA 已经学习到被重分发的 OSPF 路由信息。

RC#show ip route

Codes:C – connected, S – static, R – RIP B – BGP

　　　　O – OSPF, IA – OSPF inter area

　　　　N1 – OSPF NSSA external type 1, N2 – OSPF NSSA external type 2

　　　　E1 – OSPF external type 1, E2 – OSPF external type 2

　　　　i – IS – IS, su – IS – IS summary, L1 – IS – IS level – 1, L2 – IS – IS level – 2

　　　　ia – IS – IS inter area, * – candidate default

Gateway of last resort is no set

O E2 10. 1. 1. 0/24 [110/100] via 10. 2. 1. 1,00:20:01,FastEthernet 1/0

O E2 10. 1. 2. 160/29 [110/100] via 10. 2. 1. 1,00:20:01,FastEthernet 1/0

O E2 10. 1. 2. 224/29 [110/100] via 10. 2. 1. 1,00:20:01,FastEthernet 1/0

O E2 10. 1. 3. 0/24 [110/100] via 10. 2. 1. 1,00:20:01,FastEthernet 1/0

C 10. 2. 1. 0/24 is directly connected, FastEthernet 1/0

C 10. 2. 1. 2/32 is local host.

C 10. 2. 2. 0/24 is directly connected, Loopback 0

C 10. 2. 2. 1/32 is local host.

C 192. 0. 1. 0/24 is directly connected, Loopback 1

C 192. 0. 1. 1/32 is local host.

C 192. 0. 2. 0/24 is directly connected, Loopback 2

C 192. 0. 2. 1/32 is local host.

C 192. 0. 3. 0/24 is directly connected, Loopback 3

C 192. 0. 3. 1/32 is local host.

通过 RC 的路由表可以看出，RC 已经学习到被重分发的 IS – IS 路由信息。

【注意事项】

当配置将路由重分发到 OSPF 中时，如果不使用 subnets 参数，那么只有主类网络被重分发。

【参考配置】

RA#show running-config

Building configuration. . .
Current configuration:978 bytes

!
version RGNOS 10. 2. 00(2b1),Release(29575)(Thu Dec 27 19:46:18 CST 2007-ngcf31)
hostname RA
!
no service password-encryption
!
!
interface serial 1/2
  ip address 10. 1. 4. 2 255. 255. 255. 0
  ip router isis
!
interface serial 1/3
  clock rate 64000
!
interface FastEthernet 1/0
  duplex auto
  speed auto
!
interface FastEthernet 1/1
  duplex auto
  speed auto
!
interface Loopback 0
  ip address 10. 1. 1. 1 255. 255. 255. 0
  ip router isis
!
interface Loopback 1
  ip address 10. 1. 2. 161 255. 255. 255. 248
  ip router isis
!
interface Loopback 2
  ip address 10. 1. 2. 225 255. 255. 255. 248
  ip router isis
!
interface Loopback 3
  ip address 10. 1. 3. 1 255. 255. 255. 0
  ip router isis
!
router isis
  net 49. 0001. 0011. 1122. 0002. 00
line con 0
line aux 0

```
line vty 0 4
  login
!
end

RB#show running-config

Building configuration. . .
Current configuration:802 bytes

!
hostname RB
!
no service password-encryption
!
!
interface serial 1/2
  ip address 10. 1. 4. 1 255. 255. 255. 0
  ip router isis
  clock rate 64000
!
interface serial 1/3
  clock rate 64000
!
interface FastEthernet 1/0
  ip address 10. 2. 1. 1 255. 255. 255. 0
  duplex auto
  speed auto
!
interface FastEthernet 1/1
  duplex auto
  speed auto
!
router isis
  redistribute ospf metric 40 metric-type external level-1
  net 49. 0001. 0011. 1111. 0001. 00
!
router ospf 10
  redistribute isis metric 100 subnets
  network 10. 2. 1. 0 0. 0. 0. 255 area 0
!
line con 0
line aux 0
line vty 0 4
  login
```

```
!
end

RC#show running-config

Building configuration. . .
Current configuration:1046 bytes

!
hostname RC
!
no service password-encryption
!
interface serial 1/2
  clock rate 64000
!
interface serial 1/3
  clock rate 64000
!
interface FastEthernet 1/0
  ip address 10. 2. 1. 2 255. 255. 255. 0
  duplex auto
  speed auto
!
interface FastEthernet 1/1
  duplex auto
  speed auto
!
interface Loopback 0
  ip address 10. 2. 2. 1 255. 255. 255. 0
!
interface Loopback 1
  ip address 192. 0. 1. 1 255. 255. 255. 0
!
interface Loopback 2
  ip address 192. 0. 2. 1 255. 255. 255. 0
!
interface Loopback 3
  ip address 192. 0. 3. 1 255. 255. 255. 0
!
router ospf 10
  network 10. 2. 1. 0 0. 0. 0. 255 area 0
  network 10. 2. 2. 0 0. 0. 0. 255 area 10
  network 192. 0. 1. 0 0. 0. 0. 255 area 10
  network 192. 0. 2. 0 0. 0. 0. 255 area 10
```

```
    network 192. 0. 3. 0 0. 0. 0. 255 area 10
!
line con 0
line aux 0
line vty 0 4
 login
!
end
```

实验 6　配置分发列表

【实验名称】

配置分发列表。

【实验目的】

使用分发列表控制路由选择更新。

【背景描述】

两家企业因为某些业务成为合作伙伴，这样就需要将两个企业网络能够通信。企业 1 网络采用 OSPF 路由协议，企业 2 网络采用 RIP 路由协议。企业 1 中的子网 192.168.2.0/24 为财务部所使用，所以不能发布给企业 2 网络。

【需求分析】

要阻止企业 1 中的子网 192.168.2.0/24 发布给企业 2 网络，可以在进行重分发的路由器上配置分发列表，禁止将子网 192.168.2.0/24 的路由信息通告到 RIP 路由域中。

【实验拓扑】

拓扑如图 5 - 6 所示。

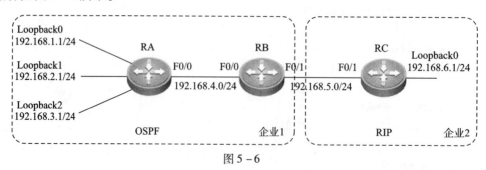

图 5 - 6

【实验设备】

路由器 3 台

【预备知识】

路由器基本配置知识、IP 路由知识、OSPF 工作原理、RIP 工作原理、路由重分发原理、分发列表工作原理

【实验原理】

配置了分发列表后，路由器按照分发列表的规则通告和接收路由信息，只有分发列表允许的路由信息才会被通告和接收。

【实验步骤】

第一步：配置 IP 地址

RA#configure terminal

RA(config)#interface FastEthernet 0/0

RA(config-if)#ip address 192.168.4.1 255.255.255.0

RA(config-if)#exit

RA(config)#interface Loopback 0

RA(config-if)#ip address 192.168.1.1 255.255.255.0

RA(config-if)#exit

RA(config)#interface Loopback 1

RA(config-if)#ip address 192.168.2.1 255.255.255.0

RA(config-if)#exit

RA(config)#interface Loopback 2

RA(config-if)#ip address 192.168.3.1 255.255.255.0

RA(config-if)#exit

RB#configure terminal

RB(config)#interface FastEthernet 0/0

RB(config-if)#ip address 192.168.4.2 255.255.255.0

RB(config-if)#exit

RB(config)#interface FastEthernet 0/1

RB(config-if)#ip address 192.168.5.1 255.255.255.0

RB(config-if)#exit

RC#configure terminal

RC(config)#interface FastEthernet 0/0

RC(config-if)#ip address 192.168.5.2 255.255.255.0

RC(config-if)#exit

RC(config)#interface Loopback 0

RC(config-if)#ip address 192.168.6.1 255.255.255.0

RC(config-if)#exit

第二步：配置 OSPF 和 RIP

RA(config)#router ospf 10

RA(config-router)#network 192.168.4.0 0.0.0.255 area 0

```
RA(config-router)#network 192.168.1.0 0.0.0.255 area 0
RA(config-router)#network 192.168.2.0 0.0.0.255 area 0
RA(config-router)#network 192.168.3.0 0.0.0.255 area 0

RB(config)#router ospf 10
RB(config-router)#network 192.168.4.0 0.0.0.255 area 0
RB(config-router)#exit
RB(config)#router rip
RB(config-router)#version 2
RB(config-router)#network 192.168.5.0
RB(config-router)#no auto-summary

RC(config)#router rip
RC(config-router)#version 2
RC(config-router)#network 192.168.5.0
RC(config-router)#network 192.168.6.0
RC(config-router)#no auto-summary
```

第三步：配置路由重分发

```
RB(config)#router ospf 10
RB(config-router)#redistribute connected subnets
```
！将直连路由重分发到 OSPF 中
```
RB(config-router)#redistribute rip metric 50 subnets
```
！将 RIP 路由重分发到 OSPF 中

```
RB(config-router)#router rip
RB(config-router)#redistribute connected
```
！将直连路由重分发到 RIP 中
```
RB(config-router)#redistribute ospf metric
```
！将 OSPF 路由重分发到 RIP 中

第四步：验证测试

在 RC 上使用命令 show ip route 查看路由表信息：

```
RC#show ip route

Codes:C - connected,S - static, R - RIP B - BGP
       O - OSPF,IA - OSPF inter area
       N1 - OSPF NSSA external type 1,N2 - OSPF NSSA external type 2
       E1 - OSPF external type 1,E2 - OSPF external type 2
       i - IS - IS,L1 - IS - IS level - 1,L2 - IS - IS level - 2,ia - IS - IS inter area
       * - candidate default

Gateway of last resort is no set
```

R　　192.168.1.1/32［120/1］via 192.168.5.1,00:00:05,FastEthernet 0/1

R　　192.168.2.1/32〔120/1〕via 192.168.5.1,00:00:05,FastEthernet 0/1

R　　192.168.3.1/32［120/1］via 192.168.5.1,00:00:05,FastEthernet 0/1

R　　192.168.4.0/24［120/1］via 192.168.5.1,00:00:05,FastEthernet 0/1

C　　192.168.5.0/24 is directly connected,FastEthernet 0/1

C　　192.168.5.2/32 is local host.

C　　192.168.6.0/24 is directly connected,Loopback 0

C　　192.168.6.1/32 is local host.

从 RC 的路由表可以看到，RC 通过路由重分发学习到企业 1 网络中的所有的路由信息。

第五步：配置分发列表

RB(config)#access-list 12 deny 192.168.2.0 0.0.0.255

RB(config)#access-list 12 permit any

! 配置访问控制列表对路由进行匹配

RB(config)#router rip

RB(config-router)#distribute – list 12 out FastEthernet 0/1

! 配置分发列表不允许发布 192.168.2.0/24 的路由信息到其他 RIP 路由器

第六步：验证测试

在 RC 上使用命令 show ip route 查看路由表信息

RC#show ip route

Codes:C – connected,S – static, R – RIP B – BGP

　　　　O – OSPF,IA – OSPF inter area

　　　　N1 – OSPF NSSA external type 1,N2 – OSPF NSSA external type 2

　　　　E1 – OSPF external type 1,E2 – OSPF external type 2

　　　　i – IS – IS,L1 – IS – IS level – 1,L2 – IS – IS level – 2,ia – IS – IS inter area

　　　　* – candidate default

Gateway of last resort is no set

R　　192.168.1.1/32［120/1］via 192.168.5.1,00:00:12,FastEthernet 0/1

R　　192.168.3.1/32［120/1］via 192.168.5.1,00:00:12,FastEthernet 0/1

R　　192.168.4.0/24［120/1］via 192.168.5.1,00:00:12,FastEthernet 0/1

C　　192.168.5.0/24 is directly connected,FastEthernet 0/1

C　　192.168.5.2/32 is local host.

C　　192.168.6.0/24 is directly connected,Loopback 0

C　　192.168.6.1/32 is local host.

从输出结果可以看到，在配置了分发列表后，路由器 RC 无法学习到企业 1 的财务部子网的路由信息。

【注意事项】

● 在配置完分发列表后，需要在路由器上使用命令 clear ip route * 清除路由信息或等待一段时间后，才可以查看到分发列表的配置效果。

- 对于链路状态路由协议（例如 OSPF），当配置了 in 方向的分发列表后，相应的路由信息不会被加入到路由表中，但是 LSA 会被通告出去，其他路由器仍可以学习到该路由，因为这些协议通告的是链路状态信息，而不是路由条目。
- 对于链路状态路由协议（例如 OSPF），外出方向（out）的分发列表只有在进行重分发时有意义。当将路由重分发到链路状态路由协议中时，out 方向的分发列表的作用是阻止特定协议的路由信息被重分发到链路状态路由协议中。

【参考配置】

```
RA#show running-config

Building configuration...
Current configuration：790 bytes

!
hostname RA
!
!
interface FastEthernet 0/0
 ip address 192. 168. 4. 1 255. 255. 255. 0
 duplex auto
 speed auto
!
interface FastEthernet 0/1
 duplex auto
 speed auto
!
interface Loopback 0
 ip address 192. 168. 1. 1 255. 255. 255. 0
!
interface Loopback 1
 ip address 192. 168. 2. 1 255. 255. 255. 0
!
interface Loopback 2
 ip address 192. 168. 3. 1 255. 255. 255. 0
!
!
router ospf 10
 network 192. 168. 1. 0 0. 0. 0. 255 area 0
 network 192. 168. 2. 0 0. 0. 0. 255 area 0
 network 192. 168. 3. 0 0. 0. 0. 255 area 0
 network 192. 168. 4. 0 0. 0. 0. 255 area 0
!
!
```

```
line con 0
line aux 0
line vty 0 4
 login
!
end


RB#show running-config

Building configuration. . .
Current configuration:830 bytes


!
hostname RB
!
ip access-list standard 12
 10 deny 192. 168. 2. 0 0. 0. 0. 255
 20 permit any
!
interface FastEthernet 0/0
 ip address 192. 168. 4. 2 255. 255. 255. 0
 duplex auto
 speed auto
!
interface FastEthernet 0/1
 ip address 192. 168. 5. 1 255. 255. 255. 0
 duplex auto
 speed auto
!
!
router ospf 10
 redistribute connected subnets
 redistribute rip metric 50 subnets
 network 192. 168. 4. 0 0. 0. 0. 255 area 0
!
!
router rip
 version 2
 network 192. 168. 5. 0
 no auto-summary
 redistribute connected
 redistribute ospf
 distribute-list 12 out FastEthernet 0/1
!
!
```

```
      line con 0
      line aux 0
      line vty 0 4
       login
      !
      end

      RC#show running-config

      Building configuration. . .
      Current configuration:576 bytes

      !
      hostname RC
      !
      interface FastEthernet 0/0
       duplex auto
       speed auto
      !
      interface FastEthernet 0/1
       ip address 192. 168. 5. 2 255. 255. 255. 0
       duplex auto
       speed auto
      !
      interface Loopback 0
       ip address 192. 168. 6. 1 255. 255. 255. 0
      !

      !
      router rip
       version 2
       network 192. 168. 5. 0
       network 192. 168. 6. 0
       no auto-summary
      !
      line con 0
      line aux 0
      line vty 0 4
       login
      !
      end
```

实验 7　配置路由的 AD 值

【实验名称】

配置路由的 AD 值。

【实验目的】

通过调整路由的管理距离值（AD），来影响路由选择。

【背景描述】

某企业网络中同时运行 RIPv2 和 OSPF 两种路由协议，两个路由域通过两个边界路由器进行互联，拓扑如图 5 - 7 所示。为了使两个路由域能够共享路由信息，企业在 RB 上进行了 RIPv2 和 OSPF 的双向重分发，RC 作为内部网络的出口，向 RIP 和 OSPF 中都生成并通告了一条默认路由。但是在 RB 进行双向的重分发后产生了一个路由选择问题，RC 同时通过 RIP 和 OSPF 获得了到达 RIP 网络的路由，下一跳分别为 RA 和 RD。但是由于 OSPF 的 AD 值小于 RIP 的 AD 值，所以 RC 将优选 OSPF 路由，即通过 RD 到达 RIP 网络，显然这产生了次优路径的选择。

【需求分析】

由于 OSPF 的 AD 值小于 RIP 的 AD 值，所以 RC 会选择通过 RD 的路径。这种情况下要避免次优路径的选择，我们可以在 RC 上调整 OSPF 外部路由的 AD 值，使其大于 RIP 的 AD 值，这样 RC 将选择通过 RA 去往 RIP 网络。

【实验拓扑】

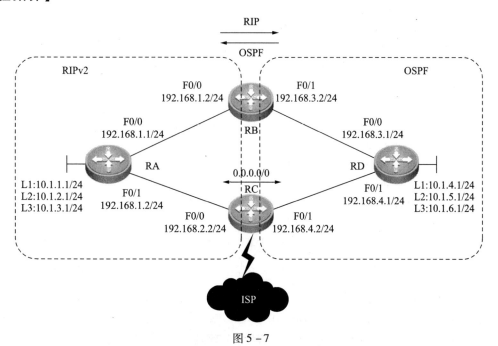

图 5 - 7

【实验设备】

路由器 4 台

【预备知识】

路由器基本配置知识、IP 路由知识、RIP 工作原理、OSPF 工作原理、路由重分发原理

【实验原理】

每个路由协议都具有一个 AD 值，用来衡量路由协议的优先级。当路由器通过不同的路由协议获得到达相同目的地的路由时，路由器将通过比较路由协议的 AD 值来最优路由。AD 值越小的路由协议具有更高的优先级，我们可以通过调整路由协议的 AD 值来影响路由选择结果。

【实验步骤】

第一步：在路由器上配置 IP 路由选择和 IP 地址

```
RA#configure terminal
RA(config)#interface FastEthernet 0/0
RA(config-if)#ip address 192.168.1.1 255.255.255.0
RA(config-if)#exit
RA(config)#interface FastEthernet 0/1
RA(config-if)#ip address 192.168.2.1 255.255.255.0
RA(config-if)#exit
RA(config)interface Loopback 1
RA(config-if)#ip address 10.1.1.1 255.255.255.0
RA(config-if)#exit
RA(config)interface Loopback 2
RA(config-if)#ip address 10.1.2.1 255.255.255.0
RA(config-if)#exit
RA(config)interface Loopback 3
RA(config-if)#ip address 10.1.3.1 255.255.255.0
RA(config-if)#exit

RB#configure terminal
RB(config)#interface FastEthernet 0/0
RB(config-if)#ip address 192.168.1.2 255.255.255.0
RB(config-if)#exit
RB(config)#interface FastEthernet 0/1
RB(config-if)#ip address 192.168.3.2 255.255.255.0
RB(config-if)#exit

RC#configure terminal
RC(config)#interface FastEthernet 0/0
RC(config-if)#ip address 192.168.2.2 255.255.255.0
```

RC(config-if)#exit

RC(config)#interface FastEthernet 0/1

RC(config-if)#ip address 192. 168. 4. 2 255. 255. 255. 0

RC(config-if)#exit

RD#configure terminal

RD(config)#interface FastEthernet 0/0

RD(config-if)#ip address 192. 168. 3. 1 255. 255. 255. 0

RD(config-if)#exit

RD(config)#interface FastEthernet 0/1

RD(config-if)#ip address 192. 168. 4. 1 255. 255. 255. 0

RD(config-if)#exit

RD(config)interface Loopback 1

RD(config-if)#ip address 10. 1. 4. 1 255. 255. 255. 0

RD(config-if)#exit

RD(config)interface Loopback 2

RD(config-if)#ip address 10. 1. 5. 1 255. 255. 255. 0

RD(config-if)#exit

RD(config)interface Loopback 3

RD(config-if)#ip address 10. 1. 6. 1 255. 255. 255. 0

RD(config-if)#exit

第二步：配置 OSPF 和 RIP

RA(config)#router rip

RA(config-router)#version 2

RA(config-router)#network 10. 0. 0. 0

RA(config-router)#network 192. 168. 1. 0

RA(config-router)#network 192. 168. 2. 0

RA(config-router)#no auto-summary

RB(config)#router rip

RB(config-router)#version 2

RB(config-router)#network 192. 168. 1. 0

RB(config-router)#no auto-summary

RB(config-router)#exit

RB(config)#router ospf 1

RB(config)#network 192. 168. 3. 0 0. 0. 0. 255 area 0

RC(config)#router rip

RC(config-router)#version 2

RC(config-router)#network 192. 168. 2. 0

RC(config-router)#default-information originate

！配置向 RIP 网络中通告一条默认路由

RC(config-router)#no auto-summary

RC(config-router)#exit

RC(config)#router ospf 1

RC(config)#network 192. 168. 4. 0 0. 0. 0. 255 area 0

RC(config)#default-information originate always

！配置向 OSPF 网络中通告一条默认路由, always 参数表示任何时候都生成一条默认路由通告到 OSPF 中, 即使本地不存在一条默认路由

RC(config-router)#exit

RD(config)#router ospf 1

RD(config)#network 10. 1. 4. 0 0. 0. 0. 255 area 0

RD(config)#network 10. 1. 5. 0 0. 0. 0. 255 area 0

RD(config)#network 10. 1. 6. 0 0. 0. 0. 255 area 0

RD(config)#network 192. 168. 3. 0 0. 0. 0. 255 area 0

RD(config)#network 192. 168. 4. 0 0. 0. 0. 255 area 0

RD(config)#exit

第三步：配置路由重分发

RB(config)#router ospf 1

RB(config-router)#redistribute connected metric-type 1 subnets

！配置将直连路由重分发到 OSPF 中

RB(config-router)#redistribute rip metric 30 metric-type 1 subnets

！配置将 RIP 路由重分发到 OSPF 中

RB(config-router)#exit

RB(config)#router rip

RB(config-router)#redistribute connected

！配置将直连路由重分发到 RIP 中

RB(config-router)#redistribute ospf metric 2

！配置将 OSPF 路由重分发到 RIP 中

RB(config-router)#exit

第四步：验证测试

在 RA 和 RD 上使用命令 show ip route 查看路由表信息：

RA#show ip route

Codes:C – connected, S – static, R – RIP B – BGP

      O – OSPF, IA – OSPF inter area

      N1 – OSPF NSSA external type 1, N2 – OSPF NSSA external type 2

      E1 – OSPF external type 1, E2 – OSPF external type 2

      i – IS – IS, L1 – IS – IS level – 1, L2 – IS – IS level – 2, ia – IS – IS inter area

      * – candidate default

Gateway of last resort is 192. 168. 2. 2 to network 0. 0. 0. 0

R *   0. 0. 0. 0/0[120/1] via 192. 168. 2. 2, 00:00:11, FastEthernet 0/1

C   10. 1. 1. 0/24 is directly connected, Loopback 1

C　10. 1. 1. 1/32 is local host.

C　10. 1. 2. 0/24 is directly connected,Loopback 2

C　10. 1. 2. 1/32 is local host.

C　10. 1. 3. 0/24 is directly connected,Loopback 3

C　10. 1. 3. 1/32 is local host.

R　10. 1. 4. 1/32[120/2]via 192. 168. 1. 2,00:00:11,FastEthernet 0/0

R　10. 1. 5. 1/32[120/2]via 192. 168. 1. 2,00:00:11,FastEthernet 0/0

R　10. 1. 6. 1/32[120/2]via 192. 168. 1. 2,00:00:11,FastEthernet 0/0

C　192. 168. 1. 0/24 is directly connected,FastEthernet 0/0

C　192. 168. 1. 1/32 is local host.

C　192. 168. 2. 0/24 is directly connected,FastEthernet 0/1

C　192. 168. 2. 1/32 is local host.

R　192. 168. 3. 0/24[120/1]via 192. 168. 1. 2,00:00:11,FastEthernet 0/0

R　192. 168. 4. 0/24[120/2]via 192. 168. 1. 2,00:00:11,FastEthernet 0/0

RD#show ip route

Codes:C – connected,S – static,R – RIP B – BGP

　　　　O – OSPF,IA – OSPF inter area

　　　　N1 – OSPF NSSA external type 1,N2 – OSPF NSSA external type 2

　　　　E1 – OSPF external type 1,E2 – OSPF external type 2

　　　　i – IS – IS,L1 – IS – IS level – 1,L2 – IS – IS level – 2,ia – IS – IS inter area

　　　　∗ – candidate default

Gateway of last resort is 192. 168. 4. 2 to network 0. 0. 0. 0

O ∗ E2 0. 0. 0. 0/0[110/1]via 192. 168. 4. 2,00:05:40,FastEthernet 0/1

O E1 10. 1. 1. 0/24[110/31]via 192. 168. 3. 2,00:05:40,FastEthernet 0/0

O E1 10. 1. 2. 0/24[110/31]via 192. 168. 3. 2,00:05:40,FastEthernet 0/0

O E1 10. 1. 3. 0/24[110/31]via 192. 168. 3. 2,00:05:40,FastEthernet 0/0

C　10. 1. 4. 0/24 is directly connected,Loopback 1

C　10. 1. 4. 1/32 is local host.

C　10. 1. 5. 0/24 is directly connected,Loopback 2

C　10. 1. 5. 1/32 is local host.

C　10. 1. 6. 0/24 is directly connected,Loopback 3

C　10. 1. 6. 1/32 is local host.

O E1 192. 168. 1. 0/24[110/21]via 192. 168. 3. 2,00:05:40,FastEthernet 0/0

O E1 192. 168. 2. 0/24[110/31]via 192. 168. 3. 2,00:05:40,FastEthernet 0/0

C　192. 168. 3. 0/24 is directly connected,FastEthernet 0/0

C　192. 168. 3. 1/32 is local host.

C　192. 168. 4. 0/24 is directly connected,FastEthernet 0/1

C　192. 168. 4. 1/32 is local host.

从 RA 和 RD 的路由表可以看到，RA 和 RD 都学习到了重分发的路由信息。

在 RC 上使用命令 show ip route 查看路由表信息：

RC#show ip route

Codes：C – connected，S – static，R – RIP B – BGP
      O – OSPF，IA – OSPF inter area
      N1 – OSPF NSSA external type 1，N2 – OSPF NSSA external type 2
      E1 – OSPF external type 1，E2 – OSPF external type 2
      i – IS – IS，L1 – IS – IS level – 1，L2 – IS – IS level – 2，ia – IS – IS inter area
      ∗ – candidate default

Gateway of last resort is no set
O E1 10. 1. 1. 0/24[110/32] via 192. 168. 4. 1，00：06：46，FastEthernet 0/1
O E1 10. 1. 2. 0/24[110/32] via 192. 168. 4. 1，00：06：46，FastEthernet 0/1
O E1 10. 1. 3. 0/24[110/32] via 192. 168. 4. 1，00：06：46，FastEthernet 0/1
O   10. 1. 4. 1/32[110/1] via 192. 168. 4. 1，00：06：57，FastEthernet 0/1
O   10. 1. 5. 1/32[110/1] via 192. 168. 4. 1，00：06：57，FastEthernet 0/1
O   10. 1. 6. 1/32[110/1] via 192. 168. 4. 1，00：06：57，FastEthernet 0/1
O E1 192. 168. 1. 0/24[110/22] via 192. 168. 4. 1，00：06：46，FastEthernet 0/1
C   192. 168. 2. 0/24 is directly connected，FastEthernet 0/0
C   192. 168. 2. 2/32 is local host.
O   192. 168. 3. 0/24[110/2] via 192. 168. 4. 1，00：06：57，FastEthernet 0/1
C   192. 168. 4. 0/24 is directly connected，FastEthernet 0/1
C   192. 168. 4. 2/32 is local host.

现在问题出现了，通过 RC 的路由表可以看到，RC 到达 RIP 网络中的子网都是使用 OSPF 的外部路由（E1），下一跳都是 RD。但事实上，RC 到达这些网络的最佳路径是通过 RA，即使用 RIP 路由。为了更正这个选路问题，我们需要在 RC 上调整 OSPF 的 AD 值。

第五步：修改 AD 值

由于 RC 通过 OSPF 外部路由到达 RIP 网络，所以我们可以调整 OSPF 外部路由的 AD 值，使其 AD 值大于 RIP 的 AD 值 120。

RC(config)#router ospf 1
RC(config-router)#distance ospf ?
   external   External type 5 and type 7 routes   ! 调整 OSPF 外部路由的 AD 值
   inter-area   Inter-area routes   ! 调整 OSPF 区域间路由的 AD 值
   intra-area   Intra-area routes   ! 调整 OSPF 区域内路由的 AD 值

RC(config-router)#distance ospf external 140
! 将 OSPF 外部路由的 AD 值调整为 140，大于 RIP 的 120
RC(config-router)#exit

第六步：验证测试
查看 RC 的路由表信息：

RC#show ip route

Codes：C – connected，S – static，R – RIP　B – BGP
        O – OSPF，IA – OSPF inter area
        N1 – OSPF NSSA external type 1，N2 – OSPF NSSA external type 2
        E1 – OSPF external type 1，E2 – OSPF external type 2
        i – IS – IS，L1 – IS – IS level – 1，L2 – IS – IS level – 2，ia – IS – IS inter area
        * – candidate default

Gateway of last resort is no set
R   10. 1. 1. 0/24[120/1]via 192. 168. 2. 1，00：00：08，FastEthernet 0/0
R   10. 1. 2. 0/24[120/1]via 192. 168. 2. 1，00：00：08，FastEthernet 0/0
R   10. 1. 3. 0/24[120/1]via 192. 168. 2. 1，00：00：08，FastEthernet 0/0
O   10. 1. 4. 1/32[110/1]via 192. 168. 4. 1，00：12：24，FastEthernet 0/1
O   10. 1. 5. 1/32[110/1]via 192. 168. 4. 1，00：12：24，FastEthernet 0/1
O   10. 1. 6. 1/32[110/1]via 192. 168. 4. 1，00：12：24，FastEthernet 0/1
R   192. 168. 1. 0/24[120/1]via 192. 168. 2. 1，00：00：08，FastEthernet 0/0
C   192. 168. 2. 0/24 is directly connected，FastEthernet 0/0
C   192. 168. 2. 2/32 is local host.
O   192. 168. 3. 0/24[110/2]via 192. 168. 4. 1，00：12：24，FastEthernet 0/1
C   192. 168. 4. 0/24 is directly connected，FastEthernet 0/1
C   192. 168. 4. 2/32 is local host.

通过调整 OSPF 外部路由 AD 值后的 RC 路由表可以看出，RC 优选了从 RA 学习到的 RIP 路由到达 RIP 网络。

【注意事项】

- 当配置将路由重分发到 OSPF 中时，如果不使用 subnets 参数，那么只有主类网络被重分发。
- 默认情况下，OSPF 区域内路由、区域间路由和外部路由的 AD 值都为110。

【参考配置】

RA#show running-config

Building configuration. . .
Current configuration：753 bytes

!
hostname RA
!
!
!
interface FastEthernet 0/0
 ip address 192. 168. 1. 1 255. 255. 255. 0

```
    duplex auto
    speed auto
  !
  interface FastEthernet 0/1
    ip address 192. 168. 2. 1 255. 255. 255. 0
    duplex auto
    speed auto
  !
  interface Loopback 1
    ip address 10. 1. 1. 1 255. 255. 255. 0
  !
  interface Loopback 2
    ip address 10. 1. 2. 1 255. 255. 255. 0
  !
  interface Loopback 3
    ip address 10. 1. 3. 1 255. 255. 255. 0
  !
  !
  router rip
    version 2
    network 10. 0. 0. 0
    network 192. 168. 1. 0
    network 192. 168. 2. 0
    no auto-summary
  !
  !
  line con 0
  line aux 0
  line vty 0 4
    login
  !
  !
  !
  end

  RB#show running-config

  Building configuration. . .
  Current configuration：740 bytes

  !
  hostname RB
  !
  !
  !
```

```
interface FastEthernet 0/0
 ip address 192. 168. 1. 2 255. 255. 255. 0
 duplex auto
 speed auto
!
interface FastEthernet 0/1
 ip address 192. 168. 3. 2 255. 255. 255. 0
 duplex auto
 speed auto
!
!
router ospf 1
 redistribute connected metric-type 1 subnets
 redistribute rip metric 30 metric-type 1 subnets
 network 192. 168. 3. 0 0. 0. 0. 255 area 0
!
!
router rip
 version 2
 network 192. 168. 1. 0
 no auto-summary
 redistribute connected
 redistribute ospf metric 2
!
!
line con 0
line aux 0
line vty 0 4
 login
!
!
end

RC#show running-config

Building configuration. . .
Current configuration：686 bytes

!
hostname RC
!
!
interface FastEthernet 0/0
 ip address 192. 168. 2. 2 255. 255. 255. 0
 duplex auto
 speed auto
```

```
!
interface FastEthernet 0/1
 ip address 192.168.4.2 255.255.255.0
 duplex auto
 speed auto
!
!
router ospf 1
 network 192.168.4.0 0.0.0.255 area 0
 default-information originate always
 distance ospf external 140
!
!
router rip
 version 2
 network 192.168.2.0
 no auto-summary
 default-information originate
!
!
line con 0
line aux 0
line vty 0 4
 login
!
!
end

RD#show running-config

Building configuration...
Current configuration:849 bytes

!
hostname RD
!
!
!
!
interface FastEthernet 0/0
 ip address 192.168.3.1 255.255.255.0
 duplex auto
 speed auto
!
interface FastEthernet 0/1
```

```
  ip address 192. 168. 4. 1 255. 255. 255. 0
  duplex auto
  speed auto
!
interface Loopback 1
  ip address 10. 1. 4. 1 255. 255. 255. 0
!
interface Loopback 2
  ip address 10. 1. 5. 1 255. 255. 255. 0
!
interface Loopback 3
  ip address 10. 1. 6. 1 255. 255. 255. 0
!
!
router ospf 1
  network 10. 1. 4. 0 0. 0. 0. 255 area 0
  network 10. 1. 5. 0 0. 0. 0. 255 area 0
  network 10. 1. 6. 0 0. 0. 0. 255 area 0
  network 192. 168. 3. 0 0. 0. 0. 255 area 0
  network 192. 168. 4. 0 0. 0. 0. 255 area 0
!
!
line con 0
line aux 0
line vty 0 4
  login
!
!
end
```

第六章　BGP 路由协议实验

实验 1　配置 BGP 的基本功能

【实验名称】

　　配置 BGP 的基本功能。

【实验目的】

　　掌握 BGP 的基本配置。

【背景描述】

　　某公司网络多宿主到两个 ISP，公司希望从 ISP 那里接收到 Internet 路由。

【需求分析】

　　公司网络要从 ISP 接收 Internet 路由，可以使用 BGP，BGP 的设计就是用于在自治系统之间交换路由信息，并且可以处理大量的路由条目，例如 Internet 路由。

【实验拓扑】

　　拓扑如图 6 – 1 所示。

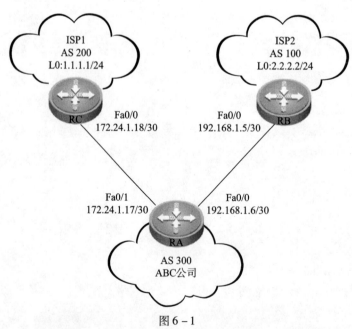

图 6 – 1

【实验设备】

路由器 3 台

【预备知识】

路由器基本配置知识、IP 路由知识、BGP 工作原理

【实验原理】

BGP 被设计用于在自治系统之间交换路由信息，并且可以处理大量的路由条目，例如 Internet 路由。使用 BGP 的第一步就是在需要交换路由信息的路由器之间建立 BGP 邻居关系。

【实验步骤】

第一步：配置 IP 地址

```
RA#configure terminal
RA(config)#interface FastEthernet 0/0
RA(config-if)#ip address 192.168.1.6 255.255.255.252
RA(config-if)#exit
RA(config)#interface FastEthernet 0/1
RA(config-if)#ip address 172.24.1.17 255.255.255.252
RA(config-if)#exit

RB#configure terminal
RB(config)#interface FastEthernet 0/0
RB(config-if)#ip address 192.168.1.5 255.255.255.252
RB(config-if)#exit
RB(config)#interface Loopback 0
RB(config-if)#ip address 2.2.2.2 255.255.255.0
RB(config-if)#exit

RC#configure terminal
RC(config)#interface FastEthernet 0/0
RC(config-if)#ip address 172.24.1.18 255.255.255.252
RC(config-if)#exit
RC(config)#interface Loopback 0
RC(config-if)#ip address 1.1.1.1 255.255.255.0
RC(config-if)#exit
```

第二步：配置 BGP 邻居并通告网络

```
RA(config)#router bgp 300
! 配置本地路由器处于 AS 300 中
RA(config-router)#neighbor 172.24.1.18 remote-as 200
! 配置与 RC 的邻居关系
RA(config-router)#neighbor 192.168.1.5 remote-as 100
```

！配置与 RB 的邻居关系

RB（config）#router bgp 100

！配置本地路由器处于 AS 100 中

RB（config-router）#neighbor 192. 168. 1. 6 remote-as 300

！配置与 RA 的邻居关系

RB（config-router）#network 2. 2. 2. 0 mask 255. 255. 255. 0

！配置通告网络 2. 2. 2. 0/24

RC（config）#router bgp 200

！配置本地路由器处于 AS 200 中

RC（config-router）#neighbor 172. 24. 1. 17 remote-as 300

！配置与 RA 的邻居关系

RC（config-router）#network 1. 1. 1. 0 mask 255. 255. 255. 0

！配置通告网络 1. 1. 1. 0/24

第三步：验证测试

使用 show ip bgp neighbors 命令查看 BGP 邻居关系状态：

RA#show ip bgp neighbors

BGP neighbor is 172. 24. 1. 18，remote AS 200，local AS 300，external link

  BGP version 4，remote router ID 1. 1. 1. 1

  BGP state = Established，up for 00：02：03

  Last read 00：02：03，hold time is 180，keepalive interval is 60 seconds

  Neighbor capabilities：

    Route refresh：advertised and received（old and new）

    Address family IPv4 Unicast：advertised and received

  Received 5 messages，0 notifications，0 in queue

    open message：1 update message：1 keepalive message：3

    refresh message：0 dynamic cap：0 notifications：0

  Sent 5 messages，0 notifications，0 in queue

    open message：1 update message：1 keepalive message：3

    refresh message：0 dynamic cap：0 notifications：0

  Route refresh request：received 0，sent 0

  Minimum time between advertisement runs is 30 seconds

For address family：IPv4 Unicast

  BGP table version 5，neighbor version 5

  Index 1，Offset 0，Mask 0x2

  1 accepted prefixes

  1 announced prefixes

Connections established 1；dropped 0

Local host：172. 24. 1. 17，Local port：179

Foreign host：172. 24. 1. 18，Foreign port：1025

Nexthop：172. 24. 1. 17

Nexthop global：：：

Nexthop local：：：

BGP connection：non shared network

BGP neighbor is 192. 168. 1. 5，remote AS 100，local AS 300，external link

　　BGP version 4，remote router ID 2. 2. 2. 2

　　BGP state = Established，up for 00：03：03

　　Last read 00：03：03，hold time is 180，keepalive interval is 60 seconds

　　Neighbor capabilities：

　　　　Route refresh：advertised and received（old and new）

　　　　Address family IPv4 Unicast：advertised and received

　　Received 5 messages，0 notifications，0 in queue

　　　　open message：1 update message：1 keepalive message：3

　　　　refresh message：0 dynamic cap：0 notifications：0

　　Sent 5 messages，0 notifications，0 in queue

　　　　open message：1 update message：1 keepalive message：3

　　　　refresh message：0 dynamic cap：0 notifications：0

　　Route refresh request：received 0，sent 0

　　Minimum time between advertisement runs is 30 seconds

For address family：IPv4 Unicast

　　BGP table version 5，neighbor version 4

　　Index 2，Offset 0，Mask 0x4

　　1 accepted prefixes

　　1 announced prefixes

Connections established 1；dropped 0

Local host：192. 168. 1. 6，Local port：179

Foreign host：192. 168. 1. 5，Foreign port：1025

Nexthop：192. 168. 1. 6

Nexthop global：：：

Nexthop local：：：

BGP connection：non shared network

　　通过 RA 的 BGP 邻居状态可以看出，RA 与 RB 和 RC 建立了 EBGP 邻居关系，并且状态为 Established，邻居关系建立成功。

　　RB#show ip bgp neighbors

BGP neighbor is 192. 168. 1. 6，remote AS 300，local AS 100，external link

　　BGP version 4，remote router ID 192. 168. 1. 6

　　BGP state = Established，up for 00：11：28

　　Last read 00：11：28，hold time is 180，keepalive interval is 60 seconds

　　Neighbor capabilities：

　　　　Route refresh：advertised and received（old and new）

Address family IPv4 Unicast：advertised and received

Received 15 messages，0 notifications，0 in queue

open message：1 update message：1 keepalive message：13

refresh message：0 dynamic cap：0 notifications：0

Sent 15 messages，0 notifications，0 in queue

open message：1 update message：1 keepalive message：13

refresh message：0 dynamic cap：0 notifications：0

Route refresh request：received 0，sent 0

Minimum time between advertisement runs is 30 seconds

For address family：IPv4 Unicast

BGP table version 12，neighbor version 12

Index 1，Offset 0，Mask 0x2

1 accepted prefixes

1 announced prefixes

Connections established 1；dropped 0

Local host：192. 168. 1. 5，Local port：1025

Foreign host：192. 168. 1. 6，Foreign port：179

Nexthop：192. 168. 1. 5

Nexthop global：：：

Nexthop local：：：

BGP connection：non shared network

  通过 RB 的 BGP 邻居状态可以看出，RB 与 RA 建立了 EBGP 邻居关系，并且状态为 Established，邻居关系建立成功。

RC#show ip bgp neighbors

BGP neighbor is 172. 24. 1. 17，remote AS 300，local AS 200，external link

BGP version 4，remote router ID 192. 168. 1. 6

BGP state = Established，up for 00：11：59

Last read 00：11：59，hold time is 180，keepalive interval is 60 seconds

Neighbor capabilities：

Route refresh：advertised and received(old and new)

Address family IPv4 Unicast：advertised and received

Received 15 messages，0 notifications，0 in queue

open message：1 update message：1 keepalive message：13

refresh message：0 dynamic cap：0 notifications：0

Sent 16 messages，0 notifications，0 in queue

open message：1 update message：1 keepalive message：14

refresh message：0 dynamic cap：0 notifications：0

Route refresh request：received 0，sent 0

Minimum time between advertisement runs is 30 seconds

For address family：IPv4 Unicast

```
BGP table version 14 , neighbor version 13
Index 1 , Offset 0 , Mask 0x2
1 accepted prefixes
1 announced prefixes

Connections established 1 ; dropped 0
Local host:172. 24. 1. 18 , Local port:1025
Foreign host:172. 24. 1. 17 , Foreign port:179
Nexthop:172. 24. 1. 18
Nexthop global:::
Nexthop local:::
BGP connection:non shared network
```

通过 RC 的 BGP 邻居状态可以看出，RC 与 RA 建立了 EBGP 邻居关系，并且状态为 Established，邻居关系建立成功。

第四步：验证测试

使用 show ip bgp 命令验证 BGP 路由：

```
RA#show ip bgp
BGP table version is 10 , local router ID is 192. 168. 1. 6
Status codes:s suppressed , d damped , h history , * valid , > best , i-internal ,
              S Stale
Origin codes:i-IGP , e-EGP , ? -incomplete

    Network            Next Hop        Metric      LocPrf    Path
 * > 1. 1. 1. 0/24     172. 24. 1. 18    0                   200 i
 * > 2. 2. 2. 0/24     192. 168. 1. 5    0                   100 i

Total number of prefixes 2
```

从输出结果可以看到，RA 通过 BGP 从 AS 200 和 AS 100 收到了 1. 1. 1. 0/24 和 2. 2. 2. 0/24 的路由信息。

【注意事项】

- 在配置 BGP 邻居时，双方配置的对端邻居地址必须相互匹配，否则无法正常建立邻居关系。
- 在使用 network 命令通告网络时，本地 IP 路由表中必须存在精确匹配的路由。

【参考配置】

```
RA#show running-config

Building configuration. . .
```

Current configuration :646 bytes

```
!
hostname RA
!
!
interface FastEthernet 0/0
 ip address 192. 168. 1. 6 255. 255. 255. 252
 duplex auto
 speed auto
!
interface FastEthernet 0/1
 ip address 172. 24. 1. 17 255. 255. 255. 252
 duplex auto
 speed auto
!
!
!
router bgp 300
 neighbor 172. 24. 1. 18 remote-as 200
 neighbor 192. 168. 1. 5 remote-as 100
!
!
line con 0
line aux 0
line vty 0 4
 login
end
```

RB#show running-config

Building configuration. . .
Current configuration :559 bytes

```
!
hostname RB
!
!
interface FastEthernet 0/0
 ip address 192. 168. 1. 5 255. 255. 255. 252
 duplex auto
 speed auto
!
interface FastEthernet 0/1
 duplex auto
```

```
 speed auto
!
interface Loopback 0
 ip address 2. 2. 2. 2 255. 255. 255. 0
!
!
!
router bgp 100
 network 2. 2. 2. 0 mask 255. 255. 255. 0
 neighbor 192. 168. 1. 6 remote-as 300
!
!
line con 0
line aux 0
line vty 0 4
 login
!
end
```

RC#show running-config

Building configuration. . .
Current configuration :581 bytes

```
!
hostname RC
!
!
!
interface FastEthernet 0/0
 ip address 172. 24. 1. 18 255. 255. 255. 252
 duplex auto
 speed auto
!
interface FastEthernet 0/1
 duplex auto
 speed auto
!
interface Loopback 0
 ip address 1. 1. 1. 1 255. 255. 255. 0
!
!
!
router bgp 200
 network 1. 1. 1. 0 mask 255. 255. 255. 0
```

```
            neighbor 172. 24. 1. 17 remote-as 300
         !
         !
         line con 0
           exec-timeout 0 0
         line aux 0
         line vty 0 4
           login
         !
         !
         end
```

实验 2　配置 BGP 下一跳属性

【实验名称】

配置 BGP 下一跳属性。

【实验目的】

理解 BGP 路由的下一跳属性，并掌握修改 BGP 路由下一跳属性的方法。

【背景描述】

某企业网络连接到一家 ISP，并与 ISP 一起运行 BGP 以从 ISP 侧接收到 Internet 路由，拓扑如图 6-2 所示。当 ISP 的路由器 RB 将 Internet 路由通过 BGP 通告给企业网络的边缘路由器 RA 时，企业的网络工程师在 RA 上可以看到 RA 收到了 RB 通告的 BGP 路由，并在 IP 路由表中存在相应的路由条目，下一跳地址为 RB 的地址。但是当网络工程师在 RC 上查看 IP 路由表信息时，发现 RC 的路由表中并没有 BGP 路由。

【需求分析】

BGP 在进行路由决策过程时，只会考虑合法的路由，即下一跳可达的路由。根据 BGP 通告下一跳属性的规则，当 BGP 发言者将通过 EBGP 学习到的路由通告给自己的 IBGP 邻居时，不会改变路由的下一跳属性，所以 RC 看到的 BGP 路由的下一跳地址仍然为 RB 的地址。由于 RC 没有到达 RB 地址的路由，所以从 RA 收到的路由将被视为下一跳不可达，因此不会将其加入到 IP 路由表中。

如果要解决这个问题，可以在 RA 上进行配置，使其将路由通告给 RC 时将下一跳地址设置为自身的地址，这样对于 RC 来说，看到的路由的下一跳地址即为可达的（直连网络）。

【实验拓扑】

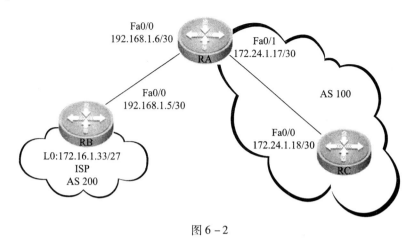

图 6 - 2

【实验设备】

　路由器 3 台

【预备知识】

　路由器基本配置知识、IP 路由知识、BGP 工作原理

【实验原理】

　默认情况下，当 BGP 发言者将通过 EBGP 学习到的路由通告给自己的 IBGP 邻居时，不会改变路由的下一跳属性。我们可以通过配置修改 BGP 的默认操作，使 BGP 发言者在通告路由时使用自身的地址作为下一跳地址。

【实验步骤】

第一步：配置 IP 地址

```
RA#configure terminal
RA(config)#interface FastEthernet 0/0
RA(config-if)#ip address 192. 168. 1. 6 255. 255. 255. 252
RA(config-if)#exit
RA(config)#interface FastEthernet 0/1
RA(config-if)#ip address 172. 24. 1. 17 255. 255. 255. 0
RA(config-if)#exit

RB#configure terminal
RB(config)#interface FastEthernet 0/0
RB(config-if)#ip address 192. 168. 1. 5 255. 255. 255. 252
RB(config-if)#exit
RB(config)#interface Loopback 0
RB(config-if)#ip address 172. 16. 1. 33 255. 255. 255. 224
RB(config-if)#exit
```

RC#configure terminal

RC（config）#interface FastEthernet 0/0

RC（config-if）#ip address 172.24.1.18 255.255.255.0

RC（config-if）#exit

第二步：配置 BGP

RA（config）#router bgp 100

RA（config-router）#network 172.24.1.18 remote-as 100

RA（config-router）#neighbor 192.168.1.5 remote-as 200

RB（config）#router bgp 200

RB（config-router）#network 172.16.1.32 mask 255.255.255.224

RB（config-router）#neighbor 192.168.1.6 remote-as 100

RC（config）#router bgp 100

RC（config-router）#network 172.24.1.17 remote-as 100

第三步：验证测试

在 RA 上使用命令 show ip bgp 和 show ip route 验证路由表信息：

RA#show ip bgp

BGP table version is 2，local router ID is 192.168.1.6

Status codes：s suppressed，d damped，h history，∗ valid，> best，i-internal，

        S Stale

Origin codes：i-IGP，e-EGP，？ -incomplete

Network	Next Hop	Metric	LocPrf	Path
∗ > 172.16.1.32/27	192.168.1.5	0		200 i

Total number of prefixes 1

RA#show ip route

Codes：C – connected，S – static，R – RIP B – BGP

    O – OSPF，IA – OSPF inter area

    N1 – OSPF NSSA external type 1，N2 – OSPF NSSA external type 2

    E1 – OSPF external type 1，E2 – OSPF external type 2

    i – IS – IS，L1 – IS – IS level – 1，L2 – IS – IS level – 2，ia – IS – IS inter area

    ∗ – candidate default

Gateway of last resort is no set

B   172.16.1.32/27 ［20/0］ via 192.168.1.5，00：01：40

C   172.24.1.16/30 is directly connected，FastEthernet 0/1

C   172.24.1.17/32 is local host.

C　　192. 168. 1. 4/30 is directly connected, FastEthernet 0/0
C　　192. 168. 1. 6/32 is local host.

从 RA 的 BGP 路由表和 IP 路由表可以看到，RA 已经从 RB 学习到 172. 16. 1. 33/27 的路由，并且下一跳地址为 RB 的地址 192. 168. 1. 5。

第四步：验证测试

在 RC 上使用命令 show ip route 和 show ip bgp 验证路由表信息：

RC#show ip route

Codes：C – connected, S – static, R – RIP B – BGP
　　　 O – OSPF, IA – OSPF inter area
　　　 N1 – OSPF NSSA external type 1, N2 – OSPF NSSA external type 2
　　　 E1 – OSPF external type 1, E2 – OSPF external type 2
　　　 i – IS – IS, L1 – IS – IS level – 1, L2 – IS – IS level – 2, ia – IS – IS inter area
　　　 * – candidate default

Gateway of last resort is no set
C　　172. 24. 1. 16/30 is directly connected, FastEthernet 0/0
C　　172. 24. 1. 18/32 is local host.

从 RC 的 IP 路由表看到，RC 的路由表中并没有相应的 BGP 路由条目。

RC#show ip bgp
BGP table version is 5, local router ID is 172. 24. 1. 18
Status codes：s suppressed, d damped, h history, * valid, > best, i-internal,
　　　　　　 S Stale
Origin codes：i-IGP, e-EGP, ? -incomplete

Network	Next Hop	Metric	LocPrf	Path
* i172. 16. 1. 32/27	**192. 168. 1. 5**	0	100	200 i

Total number of prefixes 1

从 RC 的 BGP 路由表可以看到，虽然 RC 从 RA 学习到了 172. 16. 1. 33/27 的路由，下一跳为 RB 的地址 192. 168. 1. 5，而不是 RA 的地址。同时该路由并未使用"＞"标识，这表示该路由并不是最优的路径，并且没有被加入到 IP 路由表中。

通过查看 BGP 路由的详细信息可以看到如下结果：

RC#show ip bgp 172. 16. 1. 33 255. 255. 255. 224
BGP routing table entry for 172. 16. 1. 32/27

Paths:(1 available,no best path)

　　Not advertised to any peer

　　200

　　　　192.168.1.5(**inaccessible**)from 172.24.1.17(192.168.1.6)

　　　　　　Origin IGP metric 0,localpref 100,distance 200,valid,internal

　　　　　　Last update:Sat Mar　7 05:11:19 2009

输出结果中将该路由的下一跳 192.168.1.5 标记为不可访问 "inaccessible"，这表示 RC 没有到达该下一跳地址的路由，这就是该路由没有被选为最最佳路由的原因。

第五步：修改下一跳属性

　　RA(config)#router bgp 100

　　RA(config-router)#neighbor 172.24.1.18 next-hop-self

　　! 在 RA 上将通告给 RC 的路由的下一跳设置为自身的地址

　　RA(config-router)#exit

第六步：验证测试

查看 RC 的 BGP 路由表和 IP 路由表信息：

　　RC#show ip bgp

　　BGP table version is 13,local router ID is 172.24.1.18

　　Status codes:s suppressed,d damped,h history, ∗ valid, > best,i-internal,

　　　　　　　　S Stale

　　Origin codes:i-IGP,e-EGP,? -incomplete

Network	Next Hop	Metric	LocPrf	Path
∗ >i172.16.1.32/27	**172.24.1.17**	0	100	200 i

　　Total number of prefixes 1

通过 RC 的 BGP 路由表可以看出，该路由已经被标记为最优的路由，下一跳地址为 RA 的地址 172.24.1.17。

　　RC#show ip route

　　Codes:C – connected,S – static,R – RIP B – BGP

　　　　O – OSPF,IA – OSPF inter area

　　　　N1 – OSPF NSSA external type 1,N2 – OSPF NSSA external type 2

　　　　E1 – OSPF external type 1,E2 – OSPF external type 2

　　　　i – IS – IS,L1 – IS – IS level – 1,L2 – IS – IS level – 2,ia – IS – IS inter area

　　　　∗ – candidate default

　　Gateway of last resort is no set

　　B　　172.16.1.32/27 [200/0] via 172.24.1.17,00:01:25

C　172.24.1.16/30 is directly connected,FastEthernet 0/0
C　172.24.1.18/32 is local host.

从 RC 的 IP 路由表可以看到，由于路由的下一跳地址可达，所以该路由已经被加入到 IP 路由表中。

【注意事项】

neighbor next-hop-self 命令会将下一跳地址修改为本地与对等体建立邻居关系时使用的地址，如果本地与对等体使用 Loopback 接口建立邻居关系，那么下一跳地址将被修改为 Loopback 接口的地址。

【参考配置】

```
RA#show running-config

Building configuration...
Current configuration:596 bytes

!
hostname RA
!
!
interface FastEthernet 0/0
 ip address 192.168.1.6 255.255.255.252
 duplex auto
 speed auto
!
interface FastEthernet 0/1
 ip address 172.24.1.17 255.255.255.252
 duplex auto
 speed auto
!
router bgp 100
 neighbor 172.24.1.18 remote-as 100
 neighbor 172.24.1.18 next-hop-self
 neighbor 192.168.1.5 remote-as 200
!
!
line con 0
line aux 0
line vty 0 4
 login
!
!
end
```

```
RB#show running-config

Building configuration. . .
Current configuration:590 bytes

!
hostname RB
!
!
interface FastEthernet 0/0
 ip address 192. 168. 1. 5 255. 255. 255. 252
 duplex auto
 speed auto
!
interface FastEthernet 0/1
 duplex auto
 speed auto
!
interface Loopback 0
 ip address 172. 16. 1. 33 255. 255. 255. 224
!
!
router bgp 200
 network 172. 16. 1. 32 mask 255. 255. 255. 224
 neighbor 192. 168. 1. 6 remote-as 100
!
!
line con 0
line aux 0
line vty 0 4
 login
!
!
end

RC#show running-config

Building configuration. . .
Current configuration:481 bytes

!
hostname RC
!
!
!
```

```
        interface FastEthernet 0/0
         ip address 172. 24. 1. 18 255. 255. 255. 252
         duplex auto
         speed auto
        !
        interface FastEthernet 0/1
         duplex auto
         speed auto
        !
        !
        router bgp 100
         neighbor 172. 24. 1. 17 remote-as 100
        !
        !
        line con 0
        line aux 0
        line vty 0 4
         login
        !
        !
        end
```

实验 3 配置更新源地址和 EBGP 多跳

【实验名称】

配置更新源地址和 EBGP 多跳。

【实验目的】

掌握配置 BGP 更新源地址的方法、作用，以及 EBGP 多跳的应用场景。

【背景描述】

某 ISP 网络中有两个 AS，为了链路的冗余在 AS 之间使用了两条链路，并且网络工程师在两个 BGP 发言者之间使用物理接口的地址建立了两个 EBGP 邻居关系，即两个 TCP 连接，每条链路上一个 TCP 连接。但是网络运行了一段时间后，网络工程师发现由于存在两个 EBGP 邻居关系，所以 BGP 发言者在发送路由更新时将发送两遍，这显然出现了路由更新的冗余，浪费了带宽资源。并且当某条链路（物理接口）出现故障后，BGP 需要重新计算路径以进行收敛，这也给网络带来了不稳定性。

【需求分析】

为了避免由于物理接口故障而导致路由重新收敛，我们可以使用 Loopback 接口来建立邻居关系，这样两个 BGP 对等体使用 Loopback 接口只需要建立一个邻居关系，即一条 TCP 连接，这条 TCP 连接是复用在两条物理链路上。

由于两个 BGP 发言者的 Loopback 接口之间并非直连的，所以需要使用 EBGP 多跳以修改默认的 EBGP 邻居必须是直连的规则。

【实验拓扑】

拓扑如图 6 - 3 所示。

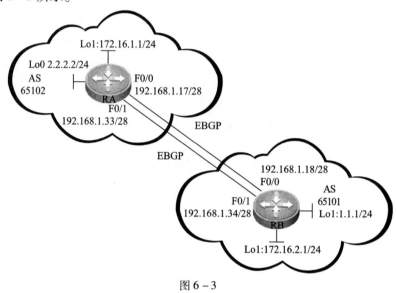

图 6 - 3

【实验设备】

路由器 2 台

【预备知识】

路由器基本配置知识、IP 路由知识、BGP 工作原理

【实验原理】

默认情况下，BGP 建立邻居关系时将查找本地路由表，以选择最优的到达对端地址的本地接口和地址。我们可以配置 BGP 在建立邻居关系时使用指定的接口和地址，通常是 Loopback 接口。由于 Loopback 接口是虚拟的，所以状态不会收到链路故障的影响而变为 down，这样可以提高邻居关系的稳定性。

此外，根据 BGP 的默认规则，要成功建立 EBGP 邻居关系，EBGP 对等体之间必须是直连的。我们也可以通过配置修改 BGP 的默认操作，使得对等体之间可以使用多跳的方式建立 EBGP 邻居关系。

【实验步骤】

第一步：配置 IP 地址

RA#configure terminal

RA(config)#interface FastEthernet 0/0

RA(config)#ip address 192. 168. 1. 17 255. 255. 255. 240

RA(config-if)#exit

RA(config)#interface FastEthernet 0/1

RA(config-if)#ip address 192. 168. 1. 33 255. 255. 255. 240

RA(config-if)#exit

RA(config)#interface Loopback 0

RA(config-if)#ip address 2. 2. 2. 2 255. 255. 255. 0

RA(config-if)#exit

RA(config)#interface Loopback 1

RA(config-if)#ip address 172. 16. 1. 1 255. 255. 255. 0

RA(config-if)#exit

RB#configure terminal

RB(config)#interface FastEthernet 0/0

RB(config-if)#ip address 192. 168. 1. 18 255. 255. 255. 240

RB(config-if)#exit

RB(config)#interface FastEthernet 0/1

RB(config-if)#ip address 192. 168. 1. 34 255. 255. 255. 240

RB(config-if)#exit

RB(config)#interface Loopback 0

RB(config-if)#ip address 1. 1. 1. 1 255. 255. 255. 0

RB(config-if)#exit

RB(config)#interface Loopback 1

RB(config-if)#ip address 172. 16. 2. 1 255. 255. 255. 0

RB(config-if)#exit

第二步：配置 BGP

RA(config)#router bgp 65102

RA(config-router)#neighbor 1. 1. 1. 1 remote-as 65101

RA(config-router)#neighbor 1. 1. 1. 1 ebgp-multihop 2

！配置与 RB 之间建立 EBGP 邻居的最大跳数为 2

RA(config-router)#neighbor 1. 1. 1. 1 update-source Loopback 0

！配置本地使用 Loopback0 接口的地址与对端建立邻居关系

RA(config-router)#network 172. 16. 1. 0 mask 255. 255. 255. 0

！通告本地 Loopback1 接口的路由

RB(config)#router bgp 65101

RB(config-router)#neighbor 2. 2. 2. 2 remote-as 65102

RB(config-router)#neighbor 2. 2. 2. 2 ebgp-multihop 2

！配置与 RA 之间建立 EBGP 邻居的最大跳数为 2

RB(config-router)#neighbor 2. 2. 2. 2 update-source Loopback 0

！配置本地使用 Loopback0 接口的地址与对端建立邻居关系

RB(config-router)#network 172. 16. 2. 0 mask 255. 255. 255. 0

！通告本地 Loopback1 接口的路由

第三步：配置静态路由协议

RA(config)#ip route 1. 1. 1. 0 255. 255. 255. 0 192. 168. 1. 18

RA(config)#ip route 1. 1. 1. 0 255. 255. 255. 0 192. 168. 1. 34

！配置到达 RB Loopback0 接口地址的两条静态路由

RB(config)#ip route 2. 2. 2. 0 255. 255. 255. 0 192. 168. 1. 17

RB(config)#ip route 2. 2. 2. 0 255. 255. 255. 0 192. 168. 1. 33

！配置到达 RA Loopback0 接口地址的两条静态路由

第四步：验证测试

使用 show ip bgp neighbors 命令验证 BGP 邻居关系：

RA#show ip bgp neighbors

BGP neighbor is 1. 1. 1. 1, remote AS 65101, local AS 65102, external link

　BGP version 4, remote router ID 172. 16. 2. 1

　BGP state = Established, up for 00:04:01

　Last read 00:04:01, hold time is 180, keepalive interval is 60 seconds

　Neighbor capabilities：

　　Route refresh：advertised and received(old and new)

　　Address family IPv4 Unicast：advertised and received

　Received 6 messages, 0 notifications, 0 in queue

　　open message：1 update message：1 keepalive message：4

　　refresh message：0 dynamic cap：0 notifications：0

　Sent 7 messages, 0 notifications, 0 in queue

　　open message：1 update message：1 keepalive message：5

　　refresh message：0 dynamic cap：0 notifications：0

　Route refresh request：received 0, sent 0

　Minimum time between advertisement runs is 30 seconds

　Update source is Loopback 0

　For address family：IPv4 Unicast

　BGP table version 6, neighbor version 6

　Index 1, Offset 0, Mask 0x2

　1 accepted prefixes

　1 announced prefixes

　Connections established 1；dropped 0

　External BGP neighbor may be up to 2 hops away.

Local host：2. 2. 2. 2, Local port：1028

Foreign host：1. 1. 1. 1, Foreign port：179

Nexthop：2. 2. 2. 2

Nexthop global：：：

Nexthop local：：：

BGP connection：non shared network

RB#show ip bgp neighbors

BGP neighbor is 2. 2. 2. 2, remote AS 65102, local AS 65101, external link

　BGP version 4, remote router ID 172. 16. 1. 1

　BGP state = Established, up for 00:08:14

　Last read 00:08:14, hold time is 180, keepalive interval is 60 seconds

　　Neighbor capabilities：
　　　Route refresh：advertised and received(old and new)
　　　Address family IPv4 Unicast：advertised and received
　　Received 12 messages，0 notifications，0 in queue
　　　open message：1 update message：1 keepalive message：10
　　　refresh message：0 dynamic cap：0 notifications：0
　　Sent 12 messages，0 notifications，0 in queue
　　　open message：1 update message：1 keepalive message：10
　　　refresh message：0 dynamic cap：0 notifications：0
　　Route refresh request：received 0，sent 0
　　Minimum time between advertisement runs is 30 seconds
　　Update source is Loopback 0

　　For address family：IPv4 Unicast
　　BGP table version 10，neighbor version 10
　　Index 1，Offset 0，Mask 0x2
　　1 accepted prefixes
　　1 announced prefixes

　　Connections established 1；dropped 0
　　External BGP neighbor may be up to 2 hops away.
　　Local host：1. 1. 1. 1，Local port：1025
　　Foreign host：2. 2. 2. 2，Foreign port：179
　　Nexthop：1. 1. 1. 1
　　Nexthop global：：：
　　Nexthop local：：：
　　BGP connection：non shared network

　　通过 RA 和 RB 的 BGP 邻居关系状态可以看出，RA 和 RB 之间使用 Loopback0 接口成功建立了一个邻居关系。

第五步：验证测试
使用 show ip bgp 命令验证 BGP 路由表信息：

RA#show ip bgp
BGP table version is 12，local router ID is 172. 16. 1. 1
Status codes：s suppressed，d damped，h history，∗ valid，> best，i-internal，
　　　　　S Stale
Origin codes：i-IGP，e-EGP，? -incomplete

Network	Next Hop	Metric	LocPrf	Path
∗ > 172. 16. 1. 0/24	0. 0. 0. 0	0		i
∗ > 172. 16. 2. 0/24	**1. 1. 1. 1**	0		65101 i

Total number of prefixes 2

RB#show ip bgp
BGP table version is 6, local router ID is 172. 16. 2. 1
Status codes: s suppressed, d damped, h history, * valid, > best, i-internal,
                S Stale
Origin codes: i-IGP, e-EGP, ? -incomplete

Network	Next Hop	Metric	LocPrf	Path
* > 172. 16. 1. 0/24	**2. 2. 2. 2**	0		65102 i
* > 172. 16. 2. 0/24	0. 0. 0. 0	0		i

Total number of prefixes 2

通过 RA 和 RB 的 BGP 路由表可以看到，双方对学习到了对端通告的 BGP 路由，并且下一跳地址为对端的 Loopback0 接口的地址，即双方建立邻居关系使用的地址。

【注意事项】

当手工配置 BGP 的更新源地址时，需要保证双方所配置的对端地址要匹配，也就是说，如果本地使用 Loopback0 接口的地址建立邻居关系，那么在对端配置邻居地址时也要使用本端的 Loopback0 接口的地址，否则双方不能成功建立邻居关系。

【参考配置】

RA#show running-config

Building configuration. . .
Current configuration : 863 bytes

!
hostname RA
!
!
interface FastEthernet 0/0
 ip address 192. 168. 1. 17 255. 255. 255. 240
 duplex auto
 speed auto
!
interface FastEthernet 0/1
 ip address 192. 168. 1. 33 255. 255. 255. 240
 duplex auto
 speed auto
!
interface Loopback 0
 ip address 2. 2. 2. 2 255. 255. 255. 0

```
!
interface Loopback 1
 ip address 172. 16. 1. 1 255. 255. 255. 0
!
!
router bgp 65102
 network 172. 16. 1. 0 mask 255. 255. 255. 0
 neighbor 1. 1. 1. 1 remote-as 65101
 neighbor 1. 1. 1. 1 ebgp-multihop 2
 neighbor 1. 1. 1. 1 update-source Loopback 0
!
!
ip route 1. 1. 1. 0 255. 255. 255. 0 192. 168. 1. 18
ip route 1. 1. 1. 0 255. 255. 255. 0 192. 168. 1. 34
!
!
line con 0
line aux 0
line vty 0 4
 login
!
!
end
```

RB#show running-config

Building configuration. . .
Current configuration ;863 bytes

```
!
hostname RB
!
!
interface FastEthernet 0/0
 ip address 192. 168. 1. 18 255. 255. 255. 240
 duplex auto
 speed auto
!
interface FastEthernet 0/1
 ip address 192. 168. 1. 34 255. 255. 255. 240
 duplex auto
 speed auto
!
interface Loopback 0
 ip address 1. 1. 1. 1 255. 255. 255. 0
```

```
      !
      interface Loopback 1
       ip address 172. 16. 2. 1 255. 255. 255. 0
      !
      !
      router bgp 65101
       network 172. 16. 2. 0 mask 255. 255. 255. 0
       neighbor 2. 2. 2. 2 remote-as 65102
       neighbor 2. 2. 2. 2 ebgp-multihop 2
       neighbor 2. 2. 2. 2 update-source Loopback 0
      !
      !
      ip route 2. 2. 2. 0 255. 255. 255. 0 192. 168. 1. 17
      ip route 2. 2. 2. 0 255. 255. 255. 0 192. 168. 1. 33
      !
      !
      line con 0
      line aux 0
      line vty 0 4
       login
      !
      !
      end
```

实验 4　配置 BGP 同步

【实验名称】

配置 BGP 同步。

【实验目的】

理解 BGP 同步的概念。

【背景描述】

在锐捷路由器上，默认是关闭 BGP 同步的。为了理解 BGP 同步的概念，我们首先启用 BGP 同步。

如图 6 - 4 所示拓扑中，AS 64520 与 AS 65000 之间、AS 64521 与 AS 65000 之间建立了 EBGP 邻居关系。AS 64520 通告了一条 BGP 路由给 AS 65000，RB 接收到了该路后将其通告给了 RC，但现在的问题是 RD 并没有通告 RC 收到该路由。

【需求分析】

由于 RC 上开启了 BGP 同步规则，所以 RC 在自己的 IP 路由表中看到该路由之前不会将其通告给自己的 EBGP 邻居 RD。为了使 RC 能够将路由通告给 RD，我们可以在 RC 上关闭 BGP 同步。

【实验拓扑】

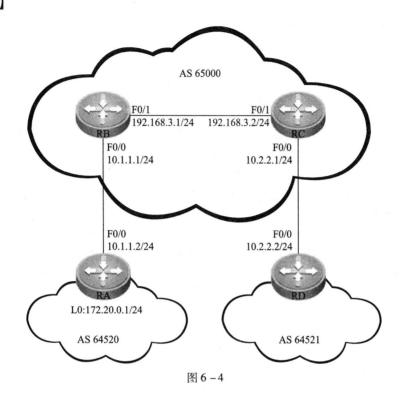

图 6 - 4

【实验设备】

路由器 4 台

【预备知识】

路由器基本配置知识、IP 路由知识、BGP 工作原理

【实验原理】

当 BGP 发言者通过 IBGP 接收到一条路由更新后，它将会检查此路由信息是否已经存在于路由表中，即是否已通过 IGP 学习到了这条路由。如果没有通过 IGP 学习到该路由，那么它将不会再把这条路由通告给它的 EBGP 对等体，也就是不会通告给其他的 AS，除非已经通过 IGP 学习到该路由，这就是 BGP 同步规则。

【实验步骤】

第一步：配置 IP 地址

  RA#configure terminal

  RA(config)#interface FastEthernet 0/0

  RA(config-if)#ip address 10. 1. 1. 2 255. 255. 255. 0

  RA(config-if)#exit

  RA(config)#interface Loopback 0

RA(config-if)#ip address 172. 20. 0. 1 255. 255. 255. 0
RA(config-if)#exit

RB#configure terminal
RB(config)#interface FastEthernet 0/0
RB(config-if)#ip address 10. 1. 1. 1 255. 255. 255. 0
RB(config-if)#exit
RB(config)#interface FastEthernet 0/1
RB(config-if)#ip address 192. 168. 3. 1 255. 255. 255. 0
RB(config-if)#exit

RC#configure terminal
RC(config)#interface FastEthernet 0/1
RC(config-if)#ip address 192. 168. 3. 2 255. 255. 255. 0
RC(config-if)#exit
RC(config)#interface FastEthernet 0/0
RC(config-if)#ip address 10. 2. 2. 1 255. 255. 255. 0
RC(config-if)#exit

RD#configure terminal
RD(config)#interface FastEthernet 0/0
RD(config-if)#ip address 10. 2. 2. 2 255. 255. 255. 0
RD(config-if)#exit

第二步：配置 BGP

RA(config)#router bgp 64520
RA(config-router)#network 172. 20. 0. 0 mask 255. 255. 255. 0
RA(config-router)#neighbor 10. 1. 1. 1 remote-as 65000

RB(config)#router bgp 65000
RB(config-router)#neighbor 10. 1. 1. 2 remote-as 64520
RB(config-router)#neighbor 192. 168. 3. 2 remote-as 65000
RB(config-router)#neighbor 192. 168. 3. 2 next-hop-self
! 配置 RB 将路由通告给 RC 是将下一跳设置为自身地址

RC(config)#router bgp 65000
RC(config-router)#synchronization
! 打开 RC 的 BGP 同步
RC(config-router)#neighbor 192. 168. 3. 1 remote-as 65000
RC(config-router)#neighbor 10. 2. 2. 2 remote-as 64521

RD(config)#router bgp 64521
RD(config-router)#neighbor 10. 2. 2. 1 remote-as 65000

第三步：验证测试

使用 show ip bgp 命令查看 BGP 路由表信息：

```
RB#show ip bgp
BGP table version is 2,local router ID is 192.168.3.1
Status codes:s suppressed,d damped,h history, * valid, > best,i-internal,
            S Stale
Origin codes:i-IGP,e-EGP,? -incomplete

   Network              Next Hop          Metric      LocPrf      Path
 * > 172.20.0.0/24      10.1.1.2            0                     64520 i


Total number of prefixes 1
```

通过 RB 的 BGP 路由可以看出，RB 已经学习到 RA 通告的路由。

```
RC#show ip bgp
BGP table version is 2,local router ID is 192.168.3.2
Status codes:s suppressed,d damped,h history, * valid, > best,i-internal,
            S Stale
Origin codes:i-IGP,e-EGP,? -incomplete

   Network              Next Hop          Metric      LocPrf    Path
 * i172.20.0.0/24       192.168.3.1         0           100     64520 i


Total number of prefixes 1

RC#show ip bgp 172.20.0.0 255.255.255.0
BGP routing table entry for 172.20.0.0/24
Paths:(1 available,no best path)
  Not advertised to any peer
  64520
    192.168.3.1 from 192.168.3.1(192.168.3.1)
      Origin IGP metric 0,localpref 100,distance 200,valid,internal,not synchronized
    Last update:Sun Mar  8 00:34:20 2009
```

通过 RC 的 BGP 路由表可以看出，RC 虽然学习到了 172.20.0.0/24 的路由，但是该路由并非最佳路径，从该路由的详细信息可以看到，路由没有被同步（not synchronized），并且没有被通告给其他对等体（RD）。

```
RD#show ip bgp
```

通过查看 RD 的 BGP 路由表也可以看到，RD 没有收到路由。

第四步：关闭 BGP 同步

RC(config)#router bgp 65000

RC(config-router)#no synchronization

！在 RC 上关闭 BGP 同步

第五步：验证测试

查看 RC 的 BGP 路由表信息：

RC#show ip bgp

BGP table version is 9, local router ID is 192. 168. 3. 2

Status codes: s suppressed, d damped, h history, * valid, > best, i-internal,

        S Stale

Origin codes: i-IGP, e-EGP, ? -incomplete

Network	Next Hop	Metric	LocPrf	Path
* > i172. 20. 0. 0/24	192. 168. 3. 1	0	100	64520 i

Total number of prefixes 1

RC#show ip bgp 172. 20. 0. 0 255. 255. 255. 0

BGP routing table entry for 172. 20. 0. 0/24

Paths: (1 available, **best #1**, table Default-IP-Routing-Table)

  Advertised to non peer-group peers:

  10. 2. 2. 2

  64520

    192. 168. 3. 1 from 192. 168. 3. 1(192. 168. 3. 1)

      Origin IGP metric 0, localpref 100, distance 200, valid, internal, **best**

      Last update: Sun Mar   8 00:34:20 2009

通过 RC 的 BGP 路由表可以看到，在关闭了 BGP 同步后，RC 将该路由标记为最优路由，并且通告给了 RD。

查看 RD 的 BGP 路由表和 IP 路由表信息：

RD#show ip bgp

BGP table version is 2, local router ID is 10. 2. 2. 2

Status codes: s suppressed, d damped, h history, * valid, > best, i-internal,

        S Stale

Origin codes: i-IGP, e-EGP, ? -incomplete

Network	Next Hop	Metric	LocPrf	Path
* > 172. 20. 0. 0/24	10. 2. 2. 1	0		65000 64520 i

Total number of prefixes 1

RD#show ip route

Codes：C – connected,S – static,R – RIP B – BGP

　　　O – OSPF,IA – OSPF inter area

　　　N1 – OSPF NSSA external type 1,N2 – OSPF NSSA external type 2

　　　E1 – OSPF external type 1,E2 – OSPF external type 2

　　　i – IS – IS,L1 – IS – IS level – 1,L2 – IS – IS level – 2,ia – IS – IS inter area

　　　∗ – candidate default

Gateway of last resort is no set

C　　10.2.2.0/24 is directly connected,FastEthernet 0/0

C　　10.2.2.2/32 is local host.

B　　172.20.0.0/24［20/0］via 10.2.2.1,00：02：41

通过 RD 的 BGP 路由表可以看到，RD 已经成功收到 RC 通告的路由，并且将其作为最佳路由加入到了 IP 路由表中。

【注意事项】

● 当我们的网络作为中转 AS 时，如果中转路径上所有的路由器都启用了 BGP，并且建立了全互联的 IBGP 邻居关系，我们就可以关闭 BGP 同步。

● 当我们的网络作为末节 AS，即不会将通过 IBGP 学习到的路由再通告给其他自治系统时，我们可以关闭 BGP 同步。

● 如果在没有满足以上两个条件的情况下关闭了 BGP 同步，那么将有可能产生路由黑洞，导致数据报文被丢弃。

【参考配置】

RA#show running-config

Building configuration...

Current configuration ：580 bytes

!

hostname RA

!

!

!

!

interface FastEthernet 0/0

　ip address 10.1.1.2 255.255.255.0

　duplex auto

　speed auto

!

interface FastEthernet 0/1

　duplex auto

```
 speed auto
!
interface Loopback 0
 ip address 172. 20. 0. 1 255. 255. 255. 0
!
!
router bgp 64520
 network 172. 20. 0. 0 mask 255. 255. 255. 0
 neighbor 10. 1. 1. 1 remote-as 65000
!
!
line con 0
line aux 0
line vty 0 4
 login
!
!
end


RB#show running-config

Building configuration. . .
Current configuration :850 bytes

!
hostname RB
!
!
interface FastEthernet 0/0
 ip address 10. 1. 1. 1 255. 255. 255. 0
 duplex auto
 speed auto
!
interface FastEthernet 0/1
 ip address 192. 168. 3. 1 255. 255. 255. 0
 duplex auto
 speed auto
!
!
!
router bgp 65000
 neighbor 10. 1. 1. 2 remote-as 64520
 neighbor 192. 168. 3. 2 remote-as 65000
 neighbor 192. 168. 3. 2 next-hop-self
!
```

```
!
!
line con 0
line aux 0
line vty 0 4
 login
!
!
end
```

RC#show running-config

Building configuration. . .
Current configuration :789 bytes

```
!
hostname RC
!
!
!
interface FastEthernet 0/0
 ip address 10. 2. 2. 1 255. 255. 255. 0
 duplex auto
 speed auto
!
interface FastEthernet 0/1
ip address 192. 168. 3. 2 255. 255. 255. 0
 duplex auto
 speed auto
!
!
!
router bgp 65000
 neighbor 10. 2. 2. 2 remote-as 64521
 neighbor 192. 168. 3. 1 remote-as 65000
!
!
!
line con 0
line aux 0
line vty 0 4
 login
!
!
end
```

```
RD#show running-config

Building configuration...
Current configuration:477 bytes

!
hostname RD
!
interface FastEthernet 0/0
 ip address 10.2.2.2 255.255.255.0
 duplex auto
 speed auto
!
interface FastEthernet 0/1
 duplex auto
 speed auto
!
router bgp 64521
 neighbor 10.2.2.1 remote-as 65000
!
line con 0
line aux 0
line vty 0 4
 login
!
!
end
```

实验 5　配置本地优先级

【实验名称】

配置本地优先级。

【实验目的】

了解 BGP 本地优先级属性的作用以及使用技巧，以便更深入地理解使用 BGP 实现基于策略的路由选择。

【背景描述】

为了避免路由器单点故障并提供链路的冗余性，ISP1 和 ISP2 之间使用两条 AS 间链路相连，拓扑如图 6-5 所示。RA 收到了 RZ 通告的两条路由 192.168.40.0/24 和 192.168.60.0/

24。正常情况下，根据 BGP 的路径决策过程，RA 使用相同的路径，即相同的本地 AS 出口到达这两个网络。为了避免带宽资源的浪费，现在需要实现到达两个网络的数据分别使用两个不同的出口路径。

【需求分析】

如果要影响数据流如何离开本地 AS，可以通过调整本地优先级属性的值来实现，本地优先级可以影响 BGP 的路径决策结果。

【实验拓扑】

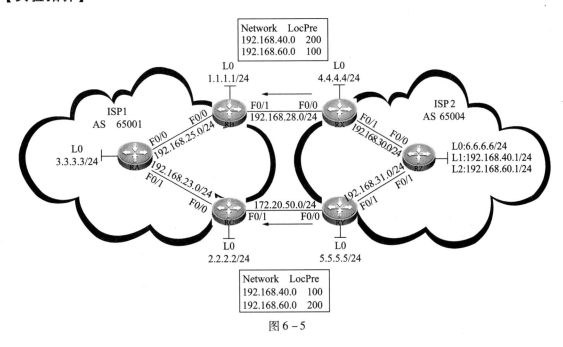

图 6 - 5

【实验设备】

路由器 6 台

【预备知识】

路由器基本配置知识、IP 路由知识、RIP 工作原理、BGP 工作原理

【实验原理】

本地优先级属性是 BGP 用来进行路径决策的一个属性，优先级越高（数值越大）的路径被选为最佳路径的可能性越大。如果 BGP 发言者收到了多条到达相同目的地的路径，它将会比较这些路径的本地优先级，选择本地优先级最高的作为最佳路径。本地优先级属性用作指导本地 AS 中的路由器，如果数据流要离开本地 AS，确定需要通过的首选路径。

【实验步骤】

第一步：配置 IP 地址

RA#configure terminal

RA(config)#interface FastEthernet 0/0

RA(config-if)#ip address 192. 168. 25. 1 255. 255. 255. 0
RA(config-if)#exit
RA(config)#interface FastEthernet 0/1
RA(config-if)#ip address 192. 168. 23. 1 255. 255. 255. 0
RA(config-if)#exit
RA(config)#interface Loopback 0
RA(config-if)#ip address 3. 3. 3. 3 255. 255. 255. 0
RA(config-if)#exit

RB#configure terminal
RB(config)#interface FastEthernet 0/0
RB(config-if)#ip address 192. 168. 25. 2 255. 255. 255. 0
RB(config-if)#exit
RB(config)#interface FastEthernet 0/1
RB(config-if)#ip address 192. 168. 28. 2 255. 255. 255. 0
RB(config-if)#exit
RB(config)#interface Loopback 0
RB(config-if)#ip address 1. 1. 1. 1 255. 255. 255. 0
RB(config-if)#exit

RC#configure terminal
RC(config)#interface FastEthernet 0/0
RC(config-if)#ip address 192. 168. 23. 2 255. 255. 255. 0
RC(config-if)#exit
RC(config)#interface FastEthernet 0/1
RC(config-if)#ip address 172. 20. 50. 2 255. 255. 255. 0
RC(config-if)#exit
RC(config)#interface Loopback 0
RC(config-if)#ip address 2. 2. 2. 2 255. 255. 255. 0
RC(config-if)#exit

RX#configure terminal
RX(config)#interface FastEthernet 0/0
RX(config-if)#ip address 192. 168. 28. 1 255. 255. 255. 0
RX(config-if)#exit
RX(config)#interface FastEthernet 0/1
RX(config-if)#ip address 192. 168. 30. 1 255. 255. 255. 0
RX(config-if)#exit
RX(config)#interface Loopback 0
RX(config-if)#ip address 4. 4. 4. 4 255. 255. 255. 0
RX(config-if)#exit

RY#configure terminal
RY(config)#interface FastEthernet 0/0
RY(config-if)#ip address 172. 20. 50. 1 255. 255. 255. 0

RY(config-if)#exit

RY(config)#interface FastEthernet 0/1

RY(config-if)#ip address 192. 168. 31. 1 255. 255. 255. 0

RY(config-if)#exit

RY(config)#interface Loopback 0

RY(config-if)#ip address 5. 5. 5. 5 255. 255. 255. 0

RY(config-if)#exit

RZ#configure terminal

RZ(config)#interface FastEthernet 0/0

RZ(config-if)#ip address 192. 168. 30. 2 255. 255. 255. 0

RZ(config-if)#exit

RZ(config)#interface FastEthernet 0/1

RZ(config-if)#ip address 192. 168. 31. 2 255. 255. 255. 0

RZ(config-if)#exit

RZ(config)#interface Loopback 0

RZ(config-if)#ip address 6. 6. 6. 6 255. 255. 255. 0

RZ(config-if)#exit

RZ(config)#interface Loopback 1

RZ(config-if)#ip address 192. 168. 40. 1 255. 255. 255. 0

RZ(config-if)#exit

RZ(config)#interface Loopback 2

RZ(config-if)#ip address 192. 168. 60. 1 255. 255. 255. 0

RZ(config-if)#exit

第二步：配置 RIP 以实现 AS 内的网络连通性

RA(config)#router rip

RA(config-router)#version 2

RA(config-router)#network 3. 0. 0. 0

RA(config-router)#network 192. 168. 23. 0

RA(config-router)#network 192. 168. 25. 0

RA(config-router)#no auto-summary

RB(config)#router rip

RB(config-router)#version 2

RB(config-router)#network 1. 0. 0. 0

RB(config-router)#network 192. 168. 25. 0

RB(config-router)#no auto-summary

RC(config)#router rip

RC(config-router)#version 2

RC(config-router)#network 2. 0. 0. 0

RC(config-router)#network 192. 168. 23. 0

RC(config-router)#no auto-summary

RX（config）#router rip

RX（config-router）#version 2

RX（config-router）#network 4. 0. 0. 0

RX（config-router）#network 192. 168. 30. 0

RX（config-router）#no auto-summary

RY（config）#router rip

RY（config-router）#version 2

RY（config-router）#network 5. 0. 0. 0

RY（config-router）#network 192. 168. 31. 0

RY（config-router）#no auto-summary

RZ（config）#router rip

RZ（config-router）#version 2

RZ（config-router）#network 6. 0. 0. 0

RZ（config-router）#network 192. 168. 30. 0

RZ（config-router）#network 192. 168. 31. 0

RZ（config-router）#no auto-summary

第三步：配置 BGP

RA（config）#router bgp 65001

RA（config-router）#neighbor 1. 1. 1. 1 remote-as 65001

RA（config-router）#neighbor 1. 1. 1. 1 update-source Loopback 0

RA（config-router）#n eighbor 2. 2. 2. 2 remote-as 65001

RA（config-router）#neighbor 2. 2. 2. 2 update-source Loopback 0

RB（config）#router bgp 65001

RB（config-router）#neighbor 2. 2. 2. 2 remote-as 65001

RB（config-router）#neighbor 2. 2. 2. 2 update-source Loopback 0

RB（config-router）#neighbor 2. 2. 2. 2 next-hop-self

RB（config-router）#neighbor 3. 3. 3. 3 remote-as 65001

RB（config-router）#neighbor 3. 3. 3. 3 update-source Loopback 0

RB（config-router）#neighbor 3. 3. 3. 3 next-hop-self

RB（config-router）#neighbor 192. 168. 28. 1 remote-as 65004

RC（config）#router bgp 65001

RC（config-router）#neighbor 1. 1. 1. 1 remote-as 65001

RC（config-router）#neighbor 1. 1. 1. 1 update-source Loopback 0

RC（config-router）#neighbor 1. 1. 1. 1 rext-hop-self

RC（config-router）#neighbor 3. 3. 3. 3 remote-as 65001

RC（config-router）#neighbor 3. 3. 3. 3 update-source Loopback 0

RC（config-router）#neighbor 3. 3. 3. 3 next-hop-self

RC（config-router）#neighbor 172. 20. 50. 1 remote-as 65004

RX（config）#router bgp 65004

RX(config-router)#network 192. 168. 50. 0

RX(config-router)#neighbor 5. 5. 5. 5 remote-as 65004

RX(config-router)#neighbor 5. 5. 5. 5 update-source Loopback 0

RX(config-router)#neighbor 5. 5. 5. 5 rext-hop-self

RX(config-router)#neighbor 6. 6. 6. 6 remote-as 65004

RX(config-router)#neighbor 6. 6. 6. 6 update-source Loopback 0

RX(config-router)#neighbor 6. 6. 6. 6 next-hop-self

RX(config-router)#neighbor 192. 168. 28. 2 remote-as 65001

RY(config)#router bgp 65004

RY(config-router)#neighbor 4. 4. 4. 4 remote-as 65004

RY(config-router)#neighbor 4. 4. 4. 4 update-source Loopback 0

RY(config-router)#neighbor 4. 4. 4. 4 rext-hop-self

RY(config-router)#neighbor 6. 6. 6. 6 remote-as 65004

RY(config-router)#neighbor 6. 6. 6. 6 update-source Loopback 0

RY(config-router)#neighbor 6. 6. 6. 6 next-hop-self

RY(config-router)#neighbor 172. 20. 50. 2 remote-as 65001

RZ(config)#router bgp 65004

RZ(config-router)#network 192. 168. 40. 0

RZ(config-router)#network 192. 168. 60. 0

RZ(config-router)#neighbor 4. 4. 4. 4 remote-as 65004

RZ(config-router)#neighbor 4. 4. 4. 4 update-source Loopback 0

RZ(config-router)#neighbor 5. 5. 5. 5 remote-as 65004

RZ(config-router)#neighbor 5. 5. 5. 5 update-source Loopback 0

第四步：验证配置

在 RA 上验证 BGP 路由表信息：

RA#show ip bgp

BGP table version is 6, local router ID is 3. 3. 3. 3

Status codes: s suppressed, d damped, h history, * valid, > best, i-internal,

         S Stale

Origin codes: i-IGP, e-EGP, ? -incomplete

Network	Next Hop	Metric	LocPrf	Path
* >i192. 168. 40. 0	1. 1. 1. 1	0	100	65004 i
* i	2. 2. 2. 2	0	100	65004 i
* >i192. 168. 60. 0	1. 1. 1. 1	0	100	65004 i
* i	2. 2. 2. 2	0	100	65004 i

Total number of prefixes 2

可以看到，RA 使用途经 RB 的路径到达 192. 168. 40. 0/24 和 192. 168. 60. 0/24，这样 RC

的外出路径将处于空闲状态，造成带宽资源浪费。

第五步：修改本地优先级

在 RB 上修改本地优先级，将从 RX 接收到的 192.168.40.0/24 的路由的本地优先级调整为 200，高于默认的优先级 100，这样去往 192.168.40.0/24 网络的数据都将使用 RB 的出口链路：

```
RC(config)#access-list 10 permit 192.168.40.0 0.0.0.255
！配置匹配 192.168.40.0/24 路由的访问控制列表
RC(config)#route-map localpre permit 10
RC(config-route-map)#match ip address 10
RC(config-route-map)#set local-preference 200
！将 192.168.40.0/24 路由的本地优先级设置为 200
RC(config-route-map)#exit
RC(config)#route-map localpre permit 20
！允许所有其他路由
RC(config-route-map)#exit
RC(config)#router bgp 65001
RC(config-router)#neighbor 192.168.28.1 route-map localpre in
！将 route-map 应用到从 RX 接收的路由上
RC(config-router)#end
RC#clear ip bgp 192.168.28.1
！复位 BGP 邻居关系以使配置的策略生效
```

在 RC 上修改本地优先级，将从 RY 接收到的 192.168.60.0/24 的路由的本地优先级调整为 200，高于默认的优先级 100，这样去往 192.168.60.0/24 网络的数据都将使用 RC 的出口链路：

```
RC(config)#access-list 10 permit 192.168.60.0 0.0.0.255
！配置匹配 192.168.60.0/24 路由的访问控制列表
RC(config)#route-map localpre permit 10
RC(config-route-map)#match ip address 10
RC(config-route-map)#set local-preference 200
！将 192.168.60.0/24 路由的本地优先级设置为 200
RC(config-route-map)#exit
RC(config)#route-map localpre permit 20
！允许所有其他路由
RC(config-route-map)#exit
RC(config)#router bgp 65001
RC(config-router)#neighbor 172.20.50.1 route-map localpre in
！将 route-map 应用到从 RY 接收的路由上
RC(config-router)#end
RC#clear ip bgp 172.20.50.1
！复位 BGP 邻居关系以使配置的策略生效
```

第六步：验证测试

验证调整本地优先级后的 RA 的 BGP 路由表：

```
RA#show ip bgp
BGP table version is 20,local router ID is 3.3.3.3
Status codes:s suppressed,d damped,h history,* valid,> best,i-internal,
             S Stale
Origin codes:i-IGP,e-EGP,? -incomplete

    Network            Next Hop          Metric      LocPrf  Path
* >i192.168.40.0       1.1.1.1           0           200     65004 i
* >i192.168.60.0       2.2.2.2           0           200     65004 i


Total number of prefixes 2
```

从 RA 的 BGP 路由表可以看到，RA 去往 192.168.40.0/24 网络的下一跳为 1.1.1.1（RB），去往 192.168.60.0/24 网络的下一跳为 2.2.2.2（RC），这样就达到了去往不同网络使用不同路径的目的。

【注意事项】

- 在配置 route-map 时，末尾必须添加允许所有的子句，不然路由会被过滤掉，因为 route-map 的末尾隐藏着一条 deny any 的子句。
- 在将 route-map 应用到 BGP 邻居后，需要使用 **clear ip bgp** 命令复位与其他对等体的邻居关系后，配置的策略才能生效。
- 本地优先级属性只会在 AS 内部传播，也就是 IBGP 对等体之间，它不会被通告给 EBGP 对等体。

【参考配置】

```
RA#show running-config

Building configuration...
Current configuration :988 bytes

!
hostname RA
!
!
interface FastEthernet 0/0
 ip address 192.168.25.1 255.255.255.0
 duplex auto
 speed auto
!
interface FastEthernet 0/1
```

```
   ip address 192. 168. 23. 1 255. 255. 255. 0
   duplex auto
   speed auto
  !
  interface Loopback 0
  ip address 3. 3. 3. 3 255. 255. 255. 0
  !
  router bgp 65001
   neighbor 1. 1. 1. 1 remote-as 65001
   neighbor 1. 1. 1. 1 update-source Loopback 0
   neighbor 2. 2. 2. 2 remote-as 65001
   neighbor 2. 2. 2. 2 update-source Loopback 0
  !
  !
  !
  router rip
   version 2
   network 3. 0. 0. 0
   network 192. 168. 23. 0
   network 192. 168. 25. 0
   no auto-summary
  !
  !
  line con 0
  line aux 0
  line vty 0 4
   login
  !
  !
  end

  RB#show running-config

  Building configuration. . .
  Current configuration :895 bytes

  !
  hostname RB
  !
  route-map localpre permit 10
   match ip address 10
   set local-preference 200
  !
  route-map localpre permit 20
  !
  !
```

```
ip access-list standard 10
 10 permit 192. 168. 40. 0 0. 0. 0. 255
!
interface FastEthernet 0/0
 ip address 192. 168. 25. 2 255. 255. 255. 0
 duplex auto
 speed auto
!
interface FastEthernet 0/1
 ip address 192. 168. 28. 2 255. 255. 255. 0
 duplex auto
speed auto
!
interface Loopback 0
 ip address 1. 1. 1. 1 255. 255. 255. 0
!
!
router bgp 65001
  neighbor 2. 2. 2. 2 remote-as 65001
  neighbor 2. 2. 2. 2 update-source Loopback 0
  neighbor 2. 2. 2. 2 next-hop-self
  neighbor 3. 3. 3. 3 remote-as 65001
  neighbor 3. 3. 3. 3 update-source Loopback 0
  neighbor 3. 3. 3. 3 next-hop-self
  neighbor 192. 168. 28. 1 remote-as 65004
  neighbor 192. 168. 28. 1 ronte-map localpre in
!
!
router rip
 version 2
 network 1. 0. 0. 0
 network 192. 168. 25. 0
 no auto-summary
!
!
line con 0
line aux 0
line vty 0 4
 login
!
!
end

RC#show running-config

Building configuration. . .
```

```
Current configuration :1054 bytes
!
hostname RC
!
!
!
route-map localpre permit 10
  match ip address 10
  set local-preference 200
!
route-map localpre permit 20
!
ip access-list standard 10
  10 permit 192. 168. 60. 0 0. 0. 0. 255
!
!
interface FastEthernet 0/0
  ip address 192. 168. 23. 2 255. 255. 255. 0
  duplex auto
  speed auto
!
interface FastEthernet 0/1
  ip address 172. 20. 50. 2 255. 255. 255. 0
  duplex auto
  speed auto
!
interface Loopback 0
  ip address 2. 2. 2. 2 255. 255. 255. 0
!
!
!
router bgp 65001
  neighbor 1. 1. 1. 1 remote-as 65001
  neighbor 1. 1. 1. 1 update-source Loopback 0
  neighbor 1. 1. 1. 1 next-hop-self
  neighbor 3. 3. 3. 3 remote-as 65001
  neighbor 3. 3. 3. 3 update-source Loopback 0
  neighbor 3. 3. 3. 3 next-hop-self
  neighbor 3. 3. 3. 3 route-map localpre out
  neighbor 172. 20. 50. 1 remote-as 65004
  neighbor 172. 20. 50. 1 route-map localpre in
!
!
router rip
```

```
  version 2
  network 2. 0. 0. 0
  network 192. 168. 23. 0
  no auto-summary
!
!
line con 0
line aux 0
line vty 0 4
 login
!
!
end

RX#show running-config

Building configuration. . .
Current configuration :950 bytes

!
hostname RX
!
!
!
interface FastEthernet 0/0
 ip address 192. 168. 28. 1 255. 255. 255. 0
 duplex auto
 speed auto
!
interface FastEthernet 0/1
 ip address 192. 168. 30. 1 255. 255. 255. 0
 duplex auto
 speed auto
!
interface Loopback 0
 ip address 4. 4. 4. 4 255. 255. 255. 0
!
!
router bgp 65004
 network 192. 168. 50. 0
 neighbor 5. 5. 5. 5 remote-as 65004
 neighbor 5. 5. 5. 5 update-source Loopback 0
 neighbor 5. 5. 5. 5 next-hop-self
 neighbor 6. 6. 6. 6 remote-as 65004
 neighbor 6. 6. 6. 6 update-source Loopback 0
```

```
  neighbor 6. 6. 6. 6 next-hop-self
  neighbor 192. 168. 28. 2 remote-as 65001
!
!
router rip
 version 2
 network 4. 0. 0. 0
 network 192. 168. 30. 0
 no auto-summary
!
!
line con 0
line aux 0
line vty 0 4
 login
!
!
end

RY#show running-config

Building configuration. . .
Current configuration :983 bytes
!
hostname RY
!
!
!
!
interface FastEthernet 0/0
 ip address 172. 20. 50. 1 255. 255. 255. 0
 duplex auto
 speed auto
!
interface FastEthernet 0/1
 ip address 192. 168. 31. 1 255. 255. 255. 0
 duplex auto
 speed auto
!
interface Loopback 0
 ip address 5. 5. 5. 5 255. 255. 255. 0
!
!
!
router bgp 65004
```

neighbor 4. 4. 4. 4 remote-as 65004

neighbor 4. 4. 4. 4 update-source Loopback 0

neighbor 4. 4. 4. 4 next-hop-self

neighbor 6. 6. 6. 6 remote-as 65004

neighbor 6. 6. 6. 6 update-source Loopback 0

neighbor 6. 6. 6. 6 next-hop-self

neighbor 172. 20. 50. 2 remote-as 65001

!

!

router rip

 version 2

 network 5. 0. 0. 0

 network 192. 168. 31. 0

 no auto-summary

!

!

line con 0

line aux 0

line vty 0 4

 login

!

!

end

RZ#show running-config

Building configuration. . .

Current configuration : 1228 bytes

!

hostname RZ

!

!

interface FastEthernet 0/0

 ip address 192. 168. 30. 2 255. 255. 255. 0

 duplex auto

 speed auto

!

interface FastEthernet 0/1

 ip address 192. 168. 31. 2 255. 255. 255. 0

 duplex auto

 speed auto

!

interface Loopback 0

 ip address 6. 6. 6. 6 255. 255. 255. 0

!

```
     interface Loopback 1
      ip address 192. 168. 40. 1 255. 255. 255. 0
     !
     interface Loopback 2
      ip address 192. 168. 60. 1 255. 255. 255. 0
     !
     !
     router bgp 65004
      network 192. 168. 40. 0
      network 192. 168. 60. 0
      neighbor 4. 4. 4. 4 remote-as 65004
      neighbor 4. 4. 4. 4 update-source Loopback 0
      neighbor 5. 5. 5. 5 remote-as 65004
      neighbor 5. 5. 5. 5 update-source Loopback 0
     !
     !
     router rip
      version 2
      network 6. 0. 0. 0
      network 192. 168. 30. 0
      network 192. 168. 31. 0
      no auto-summary
     !
     !
     line con 0
     line aux 0
     line vty 0 4
      login
     !
     !
     end
```

实验 6　配置 MED 属性值

【实验名称】

配置 MED 属性值。

【实验目的】

了解 BGP MED 属性的作用以及使用技巧，以便更深入地理解使用 BGP 实现基于策略的路由选择。

【背景描述】

为了避免路由器单点故障并提供链路的冗余性，ISP1 和 ISP2 之间使用两条 AS 间链路相连，拓扑如图 6 - 6 所示。RA 收到了 RZ 通告的两条路由 192.168.40.0/24 和 192.168.60. 0/24。正常情况下，根据 BGP 的路径决策过程，RA 使用相同的路径，即相同的本地 AS 出口 到达这两个网络，也就是说到达两个网络的数据都将使用相同的入口进入 ISP2。为了避免带 宽资源的浪费，现在需要实现到达两个网络的数据分别使用两个不同的入口路径进入 ISP2。

【需求分析】

如果要影响数据流如何进入本地 AS，可以通过调整 MED 属性的值来实现，MED 属性可 以影响 BGP 的路径决策结果。

【实验拓扑】

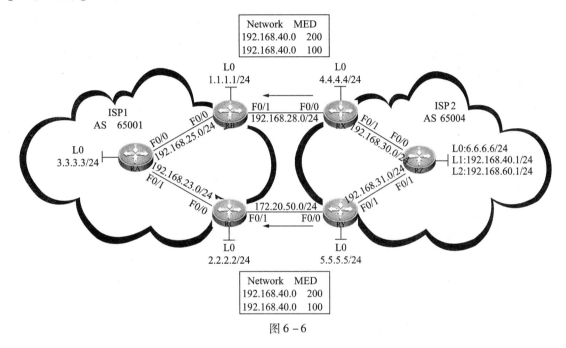

图 6 - 6

【实验设备】

路由器 6 台

【预备知识】

路由器基本配置知识、IP 路由知识、RIP 工作原理、BGP 工作原理

【实验原理】

MED 属性与本地优先级属性不同，MED 属性是可以在自治系统之间传送的，也就是说 MED 属性可以被发送给 EBGP 对等体。当其他自治系统接收到 MED 属性后，会将其传播给 IBGP 对等体，但是当该路由再被通告给另一个自治系统时，MED 属性值将会丢失。

本地优先级属性是用来影响流量如何离开本地自治系统的，与本地优先级相对应，由于 MED 值能够在自治系统间传播，所以 MED 值通常用来操作数据流如何进入本地自治系统。当 网络中存在多个入口时，MED 值可以影响其他自治系统如何选择进入本地 AS 的路径。

【实验步骤】

第一步：配置 IP 地址

```
RA#configure terminal
RA(config)#interface FastEthernet 0/0
RA(config-if)#ip address 192.168.25.1 255.255.255.0
RA(config-if)#exit
RA(config)#interface FastEthernet 0/1
RA(config-if)#ip address 192.168.23.1 255.255.255.0
RA(config-if)#exit
RA(config)#interface Loopback 0
RA(config-if)#ip address 3.3.3.3 255.255.255.0
RA(config-if)#exit


RB#configure terminal
RB(config)#interface FastEthernet 0/0
RB(config-if)#ip address 192.168.25.2 255.255.255.0
RB(config-if)#exit
RB(config)#interface FastEthernet 0/1
RB(config-if)#ip address 192.168.28.2 255.255.255.0
RB(config-if)#exit
RB(config)#interface Loopback 0
RB(config-if)#ip address 1.1.1.1 255.255.255.0
RB(config-if)#exit


RC#configure terminal
RC(config)#interface FastEthernet 0/0
RC(config-if)#ip address 192.168.23.2 255.255.255.0
RC(config-if)#exit
RC(config)#interface FastEthernet 0/1
RC(config-if)#ip address 172.20.50.2 255.255.255.0
RC(config-if)#exit
RC(config)#interface Loopback 0
RC(config-if)#ip address 2.2.2.2 255.255.255.0
RC(config-if)#exit


RX#configure terminal
RX(config)#interface FastEthernet 0/0
RX(config-if)#ip address 192.168.28.1 255.255.255.0
RX(config-if)#exit
RX(config)#interface FastEthernet 0/1
RX(config-if)#ip address 192.168.30.1 255.255.255.0
RX(config-if)#exit
RX(config)#interface Loopback 0
RX(config-if)#ip address 4.4.4.4 255.255.255.0
```

RX（config-if）#exit

RY#configure terminal
RY（config）#interface FastEthernet 0/0
RY（config-if）#ip address 172. 20. 50. 1 255. 255. 255. 0
RY（config-if）#exit
RY（config）#interface FastEthernet 0/1
RY（config-if）#ip address 192. 168. 31. 1 255. 255. 255. 0
RY（config-if）#exit
RY（config）#interface Loopback 0
RY（config-if）#ip address 5. 5. 5. 5 255. 255. 255. 0
RY（config-if）#exit

RZ#configure terminal
RZ（config）#interface FastEthernet 0/0
RZ（config-if）#ip address 192. 168. 30. 2 255. 255. 255. 0
RZ（config-if）#exit
RZ（config）#interface FastEthernet 0/1
RZ（config-if）#ip address 192. 168. 31. 2 255. 255. 255. 0
RZ（config-if）#exit
RZ（config）#interface Loopback 0
RZ（config-if）#ip address 6. 6. 6. 6 255. 255. 255. 0
RZ（config-if）#exit
RZ（config）#interface Loopback 1
RZ（config-if）#ip address 192. 168. 40. 1 255. 255. 255. 0
RZ（config-if）#exit
RZ（config）#interface Loopback 2
RZ（config-if）#ip address 192. 168. 60. 1 255. 255. 255. 0
RZ（config-if）#exit

第二步：配置 RIP 以实现 AS 内的网路连通性

RA（config）#router rip
RA（config-router）#version 2
RA（config-router）#network 3. 0. 0. 0
RA（config-router）#network 192. 168. 23. 0
RA（config-router）#network 192. 168. 25. 0
RA（config-router）#no auto-summary

RB（config）#router rip
RB（config-router）#version 2
RB（config-router）#network 1. 0. 0. 0
RB（config-router）#network 192. 168. 25. 0
RB（config-router）#no auto-summary

RC（config）#router rip

RC(config-router)#version 2

RC(config-router)#network 2. 0. 0. 0

RC(config-router)#network 192. 168. 23. 0

RC(config-router)#no auto-summary

RX(config)#router rip

RX(config-router)#version 2

RX(config-router)#network 4. 0. 0. 0

RX(config-router)#network 192. 168. 30. 0

RX(config-router)#no auto-summary

RY(config)#router rip

RY(config-router)#version 2

RY(config-router)#network 5. 0. 0. 0

RY(config-router)#network 192. 168. 31. 0

RY(config-router)#no auto-summary

RZ(config)#router rip

RZ(config-router)#version 2

RZ(config-router)#network 6. 0. 0. 0

RZ(config-router)#network 192. 168. 30. 0

RZ(config-router)#network 192. 168. 31. 0

RZ(config-router)#no auto-summary

第三步：配置 BGP

RA(config)#router bgp 65001

RA(config-router)#neighbor 1. 1. 1. 1 remote-as 65001

RA(config-router)#neighbor 1. 1. 1. 1 update-source Loopback 0

RA(config-router)#neighbor 2. 2. 2. 2 remote-as 65001

RA(config-router)#neighbor 2. 2. 2. 2 update-source Loopback 0

RB(config)#router bgp 65001

RB(config-router)#neighbor 2. 2. 2. 2 remote-as 65001

RB(config-router)#neighbor 2. 2. 2. 2 update-source Loopback 0

RB(config-router)#neighbor 2. 2. 2. 2 next-hop-self

RB(config-router)#neighbor 3. 3. 3. 3 remote-as 65001

RB(config-router)#neighbor 3. 3. 3. 3 update-source Loopback 0

RB(config-router)#neighbor 3. 3. 3. 3 next-hop-self

RB(config-router)#neighbor 192. 168. 28. 1 remote-as 65004

RC(config)#router bgp 65001

RC(config-router)#neighbor 1. 1. 1. 1 remote-as 65001

RC(config-router)#neighbor 1. 1. 1. 1 update-source Loopback 0

RC(config-router)#neighbor 1. 1. 1. 1 next-hop-self

RC(config-router)#neighbor 3. 3. 3. 3 remote-as 65001

RC(config-router)#neighbor 3. 3. 3. 3 update-source Loopback 0

RC(config-router)#neighbor 3. 3. 3. 3 next-hop-self

RC(config-router)#neighbor 172. 20. 50. 1 remote-as 65004

RX(config)#router bgp 65004

RX(config-router)#neighbor 5. 5. 5. 5 remote-as 65004

RX(config-router)#neighbor 5. 5. 5. 5 update-source Loopback 0

RX(config-router)#neighbor 5. 5. 5. 5 next-hop-self

RX(config-router)#neighbor 6. 6. 6. 6 remote-as 65004

RX(config-router)#neighbor 6. 6. 6. 6 update-source Loopback 0

RX(config-router)#neighbor 6. 6. 6. 6 next-hop-self

RX(config-router)#neighbor 192. 168. 28. 2 remote-as 65001

RY(config)#router bgp 65004

RY(config-router)#neighbor 4. 4. 4. 4 remote-as 65004

RY(config-router)#neighbor 4. 4. 4. 4 update-source Loopback 0

RY(config-router)#neighbor 4. 4. 4. 4 next-hop-self

RY(config-router)#neighbor 6. 6. 6. 6 remote-as 65004

RY(config-router)#neighbor 6. 6. 6. 6 update-source Loopback 0

RY(config-router)#neighbor 6. 6. 6. 6 next-hop-self

RY(config-router)#neighbor 172. 20. 50. 2 remote-as 65001

RZ(config)#router bgp 65004

RZ(config-router)#network 192. 168. 40. 0

RZ(config-router)#network 192. 168. 60. 0

RZ(config-router)#neighbor 4. 4. 4. 4 remote-as 65004

RZ(config-router)#neighbor 4. 4. 4. 4 update-source Loopback 0

RZ(config-router)#neighbor 5. 5. 5. 5 remote-as 65004

RZ(config-router)#neighbor 5. 5. 5. 5 update-source Loopback 0

第四步：验证测试

RA#show ip bgp

BGP table version is 112, local router ID is 3. 3. 3. 3

Status codes: s suppressed, d damped, h history, * valid, > best, i-internal,

S Stale

Origin codes: i-IGP, e-EGP, ? -incomplete

Network	Next Hop	Metric	LocPrf	Path
* i192. 168. 40. 0	2. 2. 2. 2	0	100	65004 i
* >i	1. 1. 1. 1	0	100	65004 i
* i192. 168. 60. 0	2. 2. 2. 2	0	100	65004 i
* >i	1. 1. 1. 1	0	100	65004 i

Total number of prefixes 2

可以看到，RA 使用经过 RB 的路径到达 192.168.40.0/24 和 192.168.60.0/24，这样进入 ISP2 的流量都将使用 RX 这个出口，导致 RY 的入口路径处于空闲状态，造成带宽资源浪费。

第五步：修改 MED 值

在 RX 上修改 MED 值，将发送给 RB 的 192.168.40.0/24 的路由的 MED 值设置为 100，192.168.60.0/24 的路由的 MED 值设置为 200，这样去往 192.168.40.0/24 网络的数据都将使用 RX 的入口链路：

```
RX(config)#access-list 10 permit 192.168.40.0 0.0.0.255
！配置匹配 192.168.40.0/24 路由的访问控制列表
RX(config)#access-list 20 permit 192.168.60.0 0.0.0.255
！配置匹配 192.168.40.0/24 路由的访问控制列表
RX(config)#route-map med permit 10
RX(config-route-map)#match ip address 10
RX(config-route-map)#set metric 100
！将 192.168.40.0/24 路由的 MED 值设置为 100
RX(config-route-map)#exit
RX(config)#route-map med permit 20
RX(config-route-map)#match ip address 20
RX(config-route-map)#set metric 200
！将 192.168.60.0/24 路由的 MED 值设置为 200
RX(config-route-map)#exit
RX(config)#route-map med permit 30
！允许所有其他路由
RX(config-route-map)#exit
RX(config)#router bgp 65004
RX(config-router)#neighbor 192.168.28.2 route-map med out
！将 route-map 应用到发送给 RB 的路由上
RX(config-router)#end
RX#clear ip bgp 192.168.28.2
！复位 BGP 邻居关系以使配置的策略生效
```

在 RY 上修改 MED 值，将发送给 RC 的 192.168.40.0/24 的路由的 MED 值设置为 200，192.168.60.0/24 的路由的 MED 值设置为 100，这样去往 192.168.60.0/24 网络的数据都将使用 RY 的入口链路：

```
RY(config)#access-list 10 permit 192.168.40.0 0.0.0.255
！配置匹配 192.168.40.0/24 路由的访问控制列表
RY(config)#access-list 20 permit 192.168.60.0 0.0.0.255
！配置匹配 192.168.40.0/24 路由的访问控制列表
RY(config)#route-map med permit 10
RY(config-route-map)#match ip address 10
RY(config-route-map)#set metric 200
！将 192.168.60.0/24 路由的 MED 值设置为 200
```

RY（config-route-map）#exit

RY（config）#route-map med permit 20

RY（config-route-map）#match ip address 20

RY（config-route-map）#set metric 100

！将 192. 168. 60. 0/24 路由的 MED 值设置为 100

RY（config-route-map）#exit

RY（config）#route-map med permit 30

！允许所有其他路由

RY（config-route-map）#exit

RY（config）#router bgp 65004

RY（config-router）#neighbor 172. 20. 50. 2 route-map med out

！将 route-map 应用到发送给 RC 的路由上

RY（config-router）#end

RY#clear ip bgp 172. 20. 50. 2

！复位 BGP 邻居关系以使配置的策略生效

第六步：验证测试

查看调整 MED 值后的 RA 的 BGP 路由表：

RA#show ip bgp

BGP table version is 122, local router ID is 3. 3. 3. 3

Status codes：s suppressed，d damped，h history，∗ valid，> best，i-internal，

　　　　　　　S Stale

Origin codes：i-IGP，e-EGP，？-incomplete

Network	Next Hop	Metric	LocPrf	Path
∗ >i192. 168. 40. 0	1. 1. 1. 1	**100**	100	65004 i
∗ >i192. 168. 60. 0	2. 2. 2. 2	**100**	100	65004 i

Total number of prefixes 2

从 RA 的 BGP 路由表可以看到，RA 去往 192. 168. 40. 0/24 网络的下一跳为 1. 1. 1. 1（RB），这样将使用 RX 作为入口进入 ISP2。同时，去往 192. 168. 60. 0/24 网络的下一跳为 2. 2. 2. 2（RC），这样将使用 RY 作为入口进入 ISP2，这样就达到了去往不同网络使用不同入口的目的。

【注意事项】

● 在配置 route-map 时，末尾必须添加允许所有的子句，不然路由会被过滤掉，因为 route-map 的末尾隐藏着一条 deny any 的子句。

● 在将 route-map 应用到 BGP 邻居后，需要使用 **clear ip bgp** 命令复位与其他对等体的邻居关系后，配置的策略才能生效。

● 默认情况下，如果没有配置 bgp always-compare-med 命令，BGP 只比较来自相同邻居自治系统的路由。也就是说，在本实验中，如果 RB 和 RC 属于不同的自治系统，那么如果要

使 RA 比较来自 RB 和 RC 的到达相同目的地的路由的 MED 值，必须配置 **bgp always-compare-med** 命令。

【参考配置】

```
RA#show running-config

RA#show running-config

Building configuration. . .
Current configuration :1164 bytes

!
hostname RA
!
interface FastEthernet 0/0
 ip address 192. 168. 25. 1 255. 255. 255. 0
 duplex auto
 speed auto
!
interface FastEthernet 0/1
 ip address 192. 168. 23. 1 255. 255. 255. 0
 duplex auto
 speed auto
!
interface Loopback 0
 ip address 3. 3. 3. 3 255. 255. 255. 0
!
!
router bgp 65001
 neighbor 1. 1. 1. 1 remote-as 65001
 neighbor 1. 1. 1. 1 update-source Loopback 0
 neighbor 2. 2. 2. 2 remote-as 65001
 neighbor 2. 2. 2. 2 update-source Loopback 0
!
!
router rip
 version 2
 network 3. 0. 0. 0
 network 192. 168. 23. 0
 network 192. 168. 25. 0
 no auto-summary
!
!
line con 0
line aux 0
```

```
line vty 0 4
 login
!
!
end

RB#show running-config

Building configuration. . .
Current configuration :895 bytes

!
hostname RB
!
!
interface FastEthernet 0/0
 ip address 192. 168. 25. 2 255. 255. 255. 0
 duplex auto
 speed auto
!
interface FastEthernet 0/1
 ip address 192. 168. 28. 2 255. 255. 255. 0
 duplex auto
 speed auto
!
interface Loopback 0
 ip address 1. 1. 1. 1 255. 255. 255. 0
!
!
router bgp 65001
 neighbor 2. 2. 2. 2 remote-as 65001
 neighbor 2. 2. 2. 2 update-source Loopback 0
 neighbor 2. 2. 2. 2 next-hop-self
 neighbor 3. 3. 3. 3 remote-as 65001
 neighbor 3. 3. 3. 3 update-source Loopback 0
 neighbor 3. 3. 3. 3 next-hop-self
 neighbor 192. 168. 28. 1 remote-as 65004
!
!
router rip
 version 2
 network 1. 0. 0. 0
 network 192. 168. 25. 0
 no auto-summary
!
```

```
!
line con 0
line aux 0
line vty 0 4
 login
!
!
end

RC#show running-config

Building configuration. . .
Current configuration :860 bytes

!
hostname RC
!
!
interface FastEthernet 0/0
 ip address 192. 168. 23. 2 255. 255. 255. 0
 duplex auto
 speed auto
!
interface FastEthernet 0/1
 ip address 172. 20. 50. 2 255. 255. 255. 0
 duplex auto
 speed auto
!
interface Loopback 0
 ip address 2. 2. 2. 2 255. 255. 255. 0
!
!
router bgp 65001
 neighbor 1. 1. 1. 1 remote-as 65001
 neighbor 1. 1. 1. 1 update-source Loopback 0
 neighbor 1. 1. 1. 1 next-hop-self
 neighbor 3. 3. 3. 3 remote-as 65001
 neighbor 3. 3. 3. 3 update-source Loopback 0
 neighbor 3. 3. 3. 3 next-hop-self
 neighbor 172. 20. 50. 1 remote-as 65004
!
!
router rip
 version 2
 network 2. 0. 0. 0
```

```
  network 192. 168. 23. 0
  no auto-summary
!
!
line con 0
line aux 0
line vty 0 4
 login
!
!
end
```

RX#show running-config

Building configuration. . .
Current configuration :1402 bytes

```
!
hostname RX
!
!
route-map med permit 10
  match ip address 10
  set metric 100
!
route-map med permit 20
  match ip address 20
  set metric 200
!
route-map med permit 30
!
ip access-list standard 10
  10 permit 192. 168. 40. 0 0. 0. 0. 255
!
!
ip access-list standard 20
  10 permit 192. 168. 60. 0 0. 0. 0. 255
!
!
!
!
!
interface FastEthernet 0/0
 ip address 192. 168. 28. 1 255. 255. 255. 0
 duplex auto
```

```
   speed auto
 !
 interface FastEthernet 0/1
   ip address 192. 168. 30. 1 255. 255. 255. 0
   duplex auto
   speed auto
 !
 interface Loopback 0
   ip address 4. 4. 4. 4 255. 255. 255. 0
 !
 !
 router bgp 65004
   network 192. 168. 50. 0
   neighbor 5. 5. 5. 5 remote-as 65004
   neighbor 5. 5. 5. 5 update-source Loopback 0
   neighbor 5. 5. 5. 5 next-hop-self
   neighbor 6. 6. 6. 6 remote-as 65004
   neighbor 6. 6. 6. 6 update-source Loopback 0
   neighbor 6. 6. 6. 6 next-hop-self
   neighbor 192. 168. 28. 2 remote-as 65001
   neighbor 192. 168. 28. 2 route-map med out
 !
 !
 router rip
   version 2
   network 4. 0. 0. 0
   network 192. 168. 30. 0
   no auto-summary
 !
 !
 !
 line con 0
 line aux 0
 line vty 0 4
   login
 !
 !
 end

 RY#show running-config

 Building configuration. . .
 Current configuration :1434 bytes

 !
```

```
hostname RY
!
!
route-map med permit 10
 match ip address 10
 set metric 200
!
route-map med permit 20
 match ip address 20
 set metric 100
!
route-map med permit 30
!
ip access-list standard 10
 10 permit 192.168.40.0 0.0.0.255
!
!
ip access-list standard 20
 10 permit 192.168.60.0 0.0.0.255
!
!
interface FastEthernet 0/0
 ip address 172.20.50.1 255.255.255.0
 duplex auto
 speed auto
!
interface FastEthernet 0/1
 ip address 192.168.31.1 255.255.255.0
 duplex auto
 speed auto
!
interface Loopback 0
 ip address 5.5.5.5 255.255.255.0
!
!
router bgp 65004
 neighbor 4.4.4.4 remote-as 65004
 neighbor 4.4.4.4 update-source Loopback 0
 neighbor 4.4.4.4 next-hop-self
 neighbor 6.6.6.6 remote-as 65004
 neighbor 6.6.6.6 update-source Loopback 0
 neighbor 6.6.6.6 next-hop-self
 ncighbor 172.20.50.2 remote-as 65001
 neighbor 172.20.50.2 route-map med out
!
```

```
!
router rip
 version 2
 network 5. 0. 0. 0
 network 192. 168. 31. 0
 no auto-summary
!
!
line con 0
line aux 0
line vty 0 4
 login
!
!
end

RZ#show running-config

Building configuration. . .
Current configuration：1228 bytes

!
hostname RZ
!
!
interface FastEthernet 0/0
 ip address 192. 168. 30. 2 255. 255. 255. 0
 duplex auto
 speed auto
!
interface FastEthernet 0/1
 ip address 192. 168. 31. 2 255. 255. 255. 0
 duplex auto
 speed auto
!
interface Loopback 0
 ip address 6. 6. 6. 6 255. 255. 255. 0
!
interface Loopback 1
 ip address 192. 168. 40. 1 255. 255. 255. 0
!
interface Loopback 2
 ip address 192. 168. 60. 1 255. 255. 255. 0
!
!
```

```
!
router bgp 65004
 network 192. 168. 40. 0
 network 192. 168. 60. 0
 neighbor 4. 4. 4. 4 remote-as 65004
 neighbor 4. 4. 4. 4 update-source Loopback 0
 neighbor 5. 5. 5. 5 remote-as 65004
 neighbor 5. 5. 5. 5 update-source Loopback 0
!
!
!
router rip
 version 2
 network 6. 0. 0. 0
 network 192. 168. 30. 0
 network 192. 168. 31. 0
 no auto-summary
!
!
line con 0
line aux 0
line vty 0 4
 login
!
!
end
```

实验 7　配置 BGP 路由聚合

【实验名称】

配置 BGP 路由聚合。

【实验目的】

理解 BGP 路由聚合的作用，并掌握使用 **network** 命令和 **aggregate-address** 命令配置 BGP 路由聚合的方法。

【背景描述】

两个 ISP 分别处于两个 AS 中，每个 AS 都要向邻居 AS 通告大量的路由信息，这不但增加了链路带宽的开销，而且还由于路由表中路由条目过多而占用大量的系统资源。

【需求分析】

为了减少路由通告的链路开销并缩小路由表的规模，可以使用路由聚合技术。

【实验拓扑】

拓扑如图 6 – 7 所示。

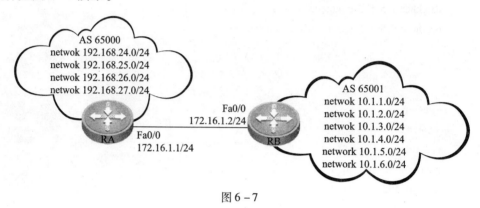

图 6 – 7

【实验设备】

路由器 2 台

【预备知识】

路由器基本配置知识、IP 路由知识、BGP 工作原理

【实验原理】

BGP 支持路由聚合和 CIDR。路由聚合可以减小路由表的大小，如果没有路由聚合，Internet 的路由表的规模将会成倍增长。路由聚合也是用来减小 BGP 对等体之间通告路由的数目。

【实验步骤】

第一步：配置 IP 地址

RA#configure terminal

RA（config）#interface FastEthernet 0/0

RA（config-if）#ip address 172. 16. 1. 1 255. 255. 255. 0

RA（config-if）#exit

RA（config）#interface Loopback 0

RA（config-if）#ip address 192. 168. 24. 1 255. 255. 255. 0

RA（config-if）#exit

RA（config）#interface Loopback 1

RA（config-if）#ip address 192. 168. 25. 1 255. 255. 255. 0

RA（config-if）#exit

RA（config）#interface Loopback 2

RA（config-if）#ip address 192. 168. 26. 1 255. 255. 255. 0

RA（config-if）#exit

RA(config)#interface Loopback 3

RA(config-if)#ip address 192.168.27.1 255.255.255.0

RA(config-if)#exit

RB#configure terminal

RB(config)#interface FastEthernet 0/0

RB(config-if)#ip address 172.16.1.2 255.255.255.0

RB(config-if)#exit

RB(config)#interface Loopback 0

RB(config-if)#ip address 10.1.1.1 255.255.255.0

RB(config-if)#exit

RB(config)#interface Loopback 1

RB(config-if)#ip address 10.1.2.1 255.255.255.0

RB(config-if)#exit

RB(config)#interface Loopback 2

RB(config-if)#ip address 10.1.3.1 255.255.255.0

RB(config-if)#exit

RB(config)#interface Loopback 3

RB(config-if)#ip address 10.1.4.1 255.255.255.0

RB(config-if)#exit

RB(config)#interface Loopback 4

RB(config-if)#ip address 10.1.5.1 255.255.255.0

RB(config-if)#exit

RB(config)#interface Loopback 5

RB(config-if)#ip address 10.1.6.1 255.255.255.0

RB(config-if)#exit

第二步：配置 BGP

RA(config)#router bgp 65000

RA(config-router)#neighbor 172.16.1.2 remote-as 65001

RB(config)#router bgp 65001

RB(config-router)#neighbor 172.16.1.1 remote-as 65000

RB(config-router)#network 10.1.1.0 mask 255.255.255.0

RB(config-router)#network 10.1.2.0 mask 255.255.255.0

RB(config-router)#network 10.1.3.0 mask 255.255.255.0

RB(config-router)#network 10.1.4.0 mask 255.255.255.0

RB(config-router)#network 10.1.5.0 mask 255.255.255.0

RB(config-router)#network 10.1.6.0 mask 255.255.255.0

第三步：在 RA 上使用 network 命令配置路由聚合

RA(config)# ip route 192.168.24.0 255.255.252.0 Null 0

! 配置静态路由，使用 **network** 命令通告的路由必须在本地路由表中存在精确匹配的条目

RA(config)#router bgp 65000

RA(config-router)#network 192.168.24.0 mask 255.255.252.0

！使用 **network** 命令通告聚合路由，该路由已经使用静态路由方式添加到路由表中

第四步：在 RB 上使用 aggregate-address 命令配置路由聚合

RB(config)#router bgp 65001

RB(config-router)#aggregate-address 10.1.0.0 255.255.248.0 summary-only

！配置聚合路由，使用 **summary-only** 参数表示只通告聚合后的路由，抑制详细的路由信息

第五步：验证测试

使用 show ip route、show ip bgp 验证汇总配置

```
RB#show ip bgp
BGP table version is 1, local router ID is 10.1.6.1
Status codes: s suppressed, d damped, h history, * valid, > best, i-internal,
              S Stale
Origin codes: i-IGP, e-EGP, ? -incomplete
```

Network	Next Hop	Metric	LocPrf	Path
* > 10.1.0.0/21	0.0.0.0			i
s > 10.1.1.0/24	0.0.0.0	0		i
s > 10.1.2.0/24	0.0.0.0	0		i
s > 10.1.3.0/24	0.0.0.0	0		i
s > 10.1.4.0/24	0.0.0.0	0		i
s > 10.1.5.0/24	0.0.0.0	0		i
s > 10.1.6.0/24	0.0.0.0	0		i
* > 192.168.24.0/22	172.16.1.1	0		65000 i

从 RB 的路由表可以看到，RB 已经收到 RA 使用 **network** 命令通告的聚合后的路由。并且 RB 使用了带 **summary-only** 参数的 **aggregate-address** 命令后，详细的路由都被抑制（使用 s 标识），而只通告聚合后的路由给 RA。

```
RA#show ip bgp
BGP table version is 9, local router ID is 192.168.27.1
Status codes: s suppressed, d damped, h history, * valid, > best, i-internal,
              S Stale
Origin codes: i-IGP, e-EGP, ? -incomplete
```

Network	Next Hop	Metric	LocPrf	Path
* > 10.1.0.0/21	172.16.1.2	0		65001 i
* > 192.168.24.0/22	0.0.0.0	0		i

Total number of prefixes 2

从 RA 的路由表可以看到，RA 收到了 RB 通告的聚合路由，而且仅收到了聚合后的路由，没有收到详细的路由。

【注意事项】

在使用 **network** 命令通告网络时，IP 路由表中必须存在精确匹配的路由条目。

【参考配置】

```
RA#show running-config

Building configuration. . .
Current configuration :832 bytes

!
hostname RA
!
!
interface FastEthernet 0/0
 ip address 172. 16. 1. 1 255. 255. 255. 0
 duplex auto
 speed auto
!
interface FastEthernet 0/1
 duplex auto
 speed auto
!
interface Loopback 0
 ip address 192. 168. 24. 1 255. 255. 255. 0
!
interface Loopback 1
 ip address 192. 168. 25. 1 255. 255. 255. 0
!
interface Loopback 2
 ip address 192. 168. 26. 1 255. 255. 255. 0
!
interface Loopback 3
 ip address 192. 168. 27. 1 255. 255. 255. 0
!
!
router bgp 65000
 network 192. 168. 24. 0 mask 255. 255. 252. 0
 neighbor 172. 16. 1. 2 remote-as 65001
!
!
ip route 192. 168. 24. 0 255. 255. 252. 0 Null 0
!
!
```

```
line con 0
line aux 0
line vty 0 4
 login
!
!
end


RB#show running-config

Building configuration. . .
Current configuration :1131 bytes


!
hostname RB
!
!
interface FastEthernet 0/0
 ip address 172. 16. 1. 2 255. 255. 255. 0
 duplex auto
 speed auto
!
interface FastEthernet 0/1
 duplex auto
 speed auto
!
interface Loopback 0
 ip address 10. 1. 1. 1 255. 255. 255. 0
!
interface Loopback 1
 ip address 10. 1. 2. 1 255. 255. 255. 0
!
interface Loopback 2
 ip address 10. 1. 3. 1 255. 255. 255. 0
!
interface Loopback 3
 ip address 10. 1. 4. 1 255. 255. 255. 0
!
interface Loopback 4
 ip address 10. 1. 5. 1 255. 255. 255. 0
!
interface Loopback 5
 ip address 10. 1. 6. 1 255. 255. 255. 0
!
!
```

```
router bgp 65001
  network 10. 1. 1. 0 mask 255. 255. 255. 0
  network 10. 1. 2. 0 mask 255. 255. 255. 0
  network 10. 1. 3. 0 mask 255. 255. 255. 0
  network 10. 1. 4. 0 mask 255. 255. 255. 0
  network 10. 1. 5. 0 mask 255. 255. 255. 0
  network 10. 1. 6. 0 mask 255. 255. 255. 0
  aggregate-address 10. 1. 0. 0 255. 255. 248. 0 summary-only
  neighbor 172. 16. 1. 1 remote-as 65000
!
!
line con 0
line aux 0
line vty 0 4
  login
!
!
end
```

实验 8　配置路由反射器及对等体组

【实验名称】

配置路由反射器及对等体组。

【实验目的】

理解路由反射器的作用，以及路由反射器和对等体组的配置方法。

【背景描述】

某 ISP 网络中存在大量的 BGP 路由器，根据 BGP 水平分割原则，为了避免潜在的环路，BGP 对等体不将从 IBGP 收到的路由更新再通告给其他的 IBGP 对等体。因此 BGP 的水平分割原则使我们必须在自治系统内部建立全互联（full-mesh）的 IBGP 邻居关系，但是这将带来大量的手工配置工作，并且由于邻居关系数目众多，也给维护和故障排除带来了不便。

【需求分析】

为了减少自治系统内部由于建立全互联的 IBGP 拓扑而带来的问题，我们可以使用路由反射器和对等体组来简化配置和管理维护的工作。

【实验拓扑】

拓扑如图 6 - 8 所示。

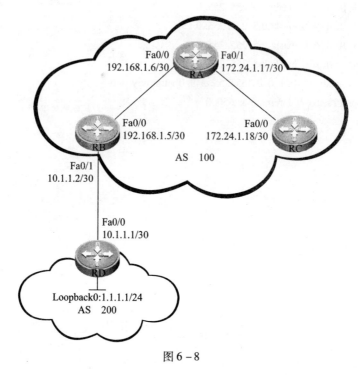

图 6 - 8

【实验设备】

路由器 4 台

【预备知识】

路由器基本配置知识、IP 路由知识、BGP 工作原理

【实验原理】

当我们将一台 BGP 发言者配置为路由反射器时，它会将从 IBGP 对等体收到的路由传递（反射）给它的反射器客户。这样在反射器客户之间我们就无需建立 IBGP 会话，因为反射器将充当路由传递的"中介"，反射器客户只需要与反射器建立 IBGP 邻居关系。

【实验步骤】

第一步：配置 IP 地址

```
RA#configure terminal
RA(config)#interface FastEthernet 0/0
RA(config-if)#ip address 192. 168. 1. 6 255. 255. 255. 252
RA(config-if)#exit
RA(config)#interface FastEthernet 0/1
RA(config-if)#ip address 172. 24. 1. 17 255. 255. 255. 252
RA(config-if)#exit
```

RB#configure terminal

RB(config)#interface FastEthernet 0/0

RB(config-if)#ip address 192.168.1.5 255.255.255.252

RB(config-if)#exit

RB(config)#interface FastEthernet 0/1

RB(config-if)#ip address 10.1.1.2 255.255.255.252

RB(config-if)#exit

RC#configure terminal

RC(config)#interface FastEthernet 0/0

RC(config-if)#ip address 172.24.1.18 255.255.255.252

RC(config-if)#exit

RD#configure terminal

RD(config)#interface FastEthernet 0/0

RD(config-if)#ip address 10.1.1.1 255.255.255.252

RD(config-if)#exit

RD(config)#interface Loopback 0

RD(config-if)#ip address 1.1.1.1 255.255.255.0

RD(config-if)#exit

第二步：配置 RIP 实现 AS 内部的网络连通性

RA(config)#router rip

RA(config-router)#version 2

RA(config-router)#network 172.24.0.0

RA(config-router)#network 192.168.1.0

RA(config-router)#no auto-summary

RB(config)#router rip

RB(config-router)#version 2

RB(config-router)#network 192.168.1.0

RB(config-router)#no auto-summary

RC(config)#router rip

RC(config-router)#version 2

RC(config-router)#network 172.24.0.0

RC(config-router)#no auto-summary

第三步：配置 BGP

RA(config)#router bgp 100

RA(config-router)#neighbor rr_client peer-group

！创建对等体组

RA(config-router)#neighbor rr_client remote-as 100

！配置对等体组的对端 AS 号

RA(config-router)#neighbor 172.24.1.18 peer-group rr_client

！将 RC 加入对等体组

RA（config-router）#neighbor 192. 168. 1. 5 peer-group rr_client

！将 RB 加入对等体组

RB（config）#router bgp 100

RB（config-router）#neighbor 192. 168. 1. 6 remote-as 100

RB（config-router）#neighbor 192. 168. 1. 6 next-hop-self

RB（config-router）#neighbor 10. 1. 1. 1 remote-as 200

RC（config）#router bgp 100

RC（config-router）#neighbor 172. 24. 1. 17 remote-as 100

RD（config）#router bgp 200

RD（config-router）#neighbor 10. 1. 1. 2 remote-as 100

RD（config-router）#network 1. 1. 1. 0 mask 255. 255. 255. 0

第四步：验证测试

查看 RA 的 BGP 路由信息：

RA#show ip bgp

BGP table version is 4，local router ID is 192. 168. 1. 6

Status codes：s suppressed，d damped，h history，∗ valid，> best，i-internal，

S Stale

Origin codes：i-IGP，e-EGP，? -incomplete

Network	Next Hop	Metric	LocPrf	Path
∗ >i1. 1. 1. 0/24	192. 168. 1. 5	0	100	200 i

Total number of prefixes 1

通告 RA 的 BGP 路由表可以看到，RA 通过 RB 收到了 1. 1. 1. 0/24 的路由信息。

RA#show ip bgp 1. 1. 1. 0 255. 255. 255. 0

BGP routing table entry for 1. 1. 1. 0/24

Paths：（1 available，best #1，table Default-IP-Routing-Table）

　Not advertised to any peer

　200

　　192. 168. 1. 5 from 192. 168. 1. 5（192. 168. 1. 5）

　　　Origin IGP metric 0，localpref 100，distance 200，valid，internal，best

　　Last update：Mon Mar 　9 04：29：47 2009

在 1. 1. 1. 0/24 路由的详细信息中可以看到，因为水平分割，则 RB 没有将该路由通告给任何对等体。

查看 RC 的 BGP 路由表：

> RC#show ip bgp

在 RC 的 BGP 路由表中没有任何路由信息。

第五步：配置路由反射器

> RA(config)#router bgp 100
>
> RA(config-router)#neighbor rr_client route-reflector-client
>
> ！将加入对等体组 rr_client 的邻居配置为路由反射器的客户端
>
> RA(config-router)#end
>
> RA#clear ip bgp * soft out
>
> ！软重置与其他对等体的邻居关系,这将使更改的配置生效

第六步：验证测试

在 RA 上查看 1.1.1.0/24 的详细信息：

> RA#show ip bgp 1.1.1.0 255.255.255.0
>
> BGP routing table entry for 1.1.1.0/24
>
> Paths:(1 available,best #1,table Default-IP-Routing-Table)
>
> **Advertised to peer-groups:**
>
> rr_client
>
> 200,(Received from a RR-client)
>
> 192.168.1.5 from 192.168.1.5 (192.168.1.5)
>
> Origin IGP metric 0,localpref 100,distance 200,valid,internal,best
>
> Last update:Mon Mar　9 04:46:47 2009

可以看到，当把 RA 配置为路由反射器后，RA 将该路由通告给了对等体组。

查看 RC 的 BGP 路由表：

> RC#show ip bgp
>
> BGP table version is 31,local router ID is 172.24.1.18
>
> Status codes:s suppressed,d damped,h history, * valid, > best,i-internal,
>
> 　　　　　　S Stale
>
> Origin codes:i-IGP,e-EGP,? -incomplete

Network	Next Hop	Metric	LocPrf	Path
* >i1.1.1.0/24	192.168.1.5	0	100	200 i

> Total number of prefixes 1

从 RC 的路由表可以看到，RC 已经收到 RA "反射" 的路由。

【注意事项】

路由反射器只需要在反射器上进行配置，无需在客户端上进行配置。也就是说只需要告诉

反射器将路由反射给哪个 BGP 对等体就可以了。

【参考配置】

```
RA#show running-config

Building configuration. . .
Current configuration :923 bytes

!
hostname RA
!
!
interface FastEthernet 0/0
 ip address 192. 168. 1. 6 255. 255. 255. 252
 duplex auto
 speed auto
!
interface FastEthernet 0/1
 ip address 172. 24. 1. 17 255. 255. 255. 252
 duplex auto
 speed auto
!
!
router bgp 100
 neighbor rr_client peer-group
 neighbor rr_client remote-as 100
 neighbor rr_client route-reflector-client
 neighbor 172. 24. 1. 18 peer-group rr_client
 neighbor 192. 168. 1. 5 peer-group rr_client
!
router rip
 version 2
 network 172. 24. 0. 0
 network 192. 168. 1. 0
 no auto-summary
!
!
line con 0
line aux 0
line vty 0 4
 login
!
!
end
```

RB#show running-config

Building configuration. . .
Current configuration ：548 bytes

!
hostname RB
!
!
interface FastEthernet 0/0
　ip address 192. 168. 1. 5 255. 255. 255. 252
　duplex auto
　speed auto
!
interface FastEthernet 0/1
ip address 10. 1. 1. 2 255. 255. 255. 252
　duplex auto
　speed auto
!
!
router bgp 100
　neighbor 10. 1. 1. 1 remote-as 200
　neighbor 192. 168. 1. 6 remote-as 100
　neighbor 192. 168. 1. 6 next-hop-self
!
!
router rip
　version 2
　network 192. 168. 1. 0
　no auto-summary
!
!
line con 0
line aux 0
line vty 0 4
　login
!
end

RC#show running-config

Building configuration. . . .
Current configuration ：669 bytes

!

```
hostname RC
!
!
interface FastEthernet 0/0
 ip address 172. 24. 1. 18 255. 255. 255. 252
 duplex auto
 speed auto
!
interface FastEthernet 0/1
 duplex auto
 speed auto
!
!
router bgp 100
 neighbor 172. 24. 1. 17 remote-as 100
!
!
!
router rip
 version 2
 network 172. 24. 0. 0
 no auto-summary
!
!
line con 0
line aux 0
line vty 0 4
 login
! .
!
end

RD#show running-config

Building configuration. . .
Current configuration:572 bytes

!
hostname RD
!
!
!
interface FastEthernet 0/0
 ip address 10. 1. 1. 1 255. 255. 255. 252
 duplex auto
```

```
    speed auto
   !
   interface FastEthernet 0/1
    duplex auto
    speed auto
   !
   interface Loopback 0
    ip address 1.1.1.1 255.255.255.0
   !
   !
   router bgp 200
    network 1.1.1.0 mask 255.255.255.0
    neighbor 10.1.1.2 remote-as 100
   !
   line con 0
   line aux 0
   line vty 0 4
    login
   !
   !
   end
```

实验 9　配置 BGP 团体属性

【实验名称】

配置 BGP 团体属性。

【实验目的】

理解 BGP 团体属性的概念和作用，并掌握使用团体属性操作路由更新的方法。

【背景描述】

某企业网络作为 ISPA 的客户通过 ISPA 连接到 Internet，并通过 BGP 将企业网络的子网信息通告给了 ISPA。但是企业不希望自己的子网信息再被 ISPA 通告给其他的 ISP，例如拓扑图 6－9 中的 ISPB。

【需求分析】

BGP 作为一个逐跳的路由选择协议，通常情况下我们不能影响其他自治系统通告路由的方式。为了使企业网络通告给 ISPA 的路由不再被通告给其他的自治系统，除了在 ISPA 的路由器上进行设置外，我们还可以在企业网络的路由器上通过设置团体属性达到这个目的。

【实验拓扑】

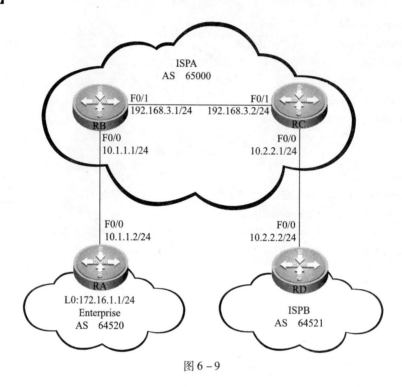

图 6 – 9

【实验设备】

路由器 4 台

【预备知识】

路由器基本配置知识、IP 路由知识、BGP 工作原理

【实验原理】

团体属性（COMMUNITY）是一个可选传递属性。团体属性可以简化 BGP 策略的执行，但它并不用作 BGP 路径决策的因素。团体属性其实是一种 BGP 工具，它就像为 BGP 路由打上了一个标记，然后其他 BGP 发言者可以使用这个标记进行入站和出站的路由过滤，或者根据不同的团体属性值为路由设置本地优先级或者 MED 值等。

由于团体属性是可选传递的，所以如果 BGP 对等体不能识别某团体属性，则将其留给下一个对等体去处理。

【实验步骤】

第一步：配置 IP 地址

```
RA#configure terminal
RA(config)#interface FastEthernet 0/0
RA(config-if)#ip address 10.1.1.2 255.255.255.0
RA(config-if)#exit
RA(config)#interface Loopback 0
```

RA(config-if)#ip address 172. 16. 1. 1 255. 255. 255. 0

RA(config-if)#exit

RB#configure terminal

RB(config)#interface FastEthernet 0/0

RB(config-if)#ip address 10. 1. 1. 1 255. 255. 255. 0

RB(config-if)#exit

RB(config)#interface FastEthernet 0/1

RB(config-if)#ip address 192. 168. 3. 1 255. 255. 255. 0

RB(config-if)#exit

RC#configure terminal

RC(config)#interface FastEthernet 0/1

RC(config-if)#ip address 192. 168. 3. 2 255. 255. 255. 0

RC(config-if)#exit

RC(config)#interface FastEthernet 0/0

RC(config-if)#ip address 10. 2. 2. 1 255. 255. 255. 0

RC(config-if)#exit

RD#configure terminal

RD(config)#interface FastEthernet 0/0

RD(config-if)#ip address 10. 2. 2. 2 255. 255. 255. 0

RD(config-if)#exit

第二步：配置 BGP

RA(config)#router bgp 64520

RA(config-router)#neighbor 10. 1. 1. 1 remote-as 65000

RA(config-router)#network 172. 16. 1. 0 mask 255. 255. 255. 0

RB(config)#router bgp 65000

RB(config-router)#neighbor 10. 1. 1. 2 remote-as 64520

RB(config-router)#neighbor 192. 168. 3. 2 remote-as 65000

RB(config-router)#neighbor 192. 168. 3. 2 next-hop-self

！配置 RB 将路由通告给 RC 是将下一跳设置为自身地址

RC(config)#router bgp 65000

RC(config-router)#neighbor 192. 168. 3. 1 remote-as 65000

RC(config-router)#neighbor 10. 2. 2. 2 remote-as 64521

RD(config)#router bgp 64521

RD(config-router)#neighbor 10. 2. 2. 1 remote-as 65000

第三步：验证测试

查看 RD 的 BGP 路由表信息：

RD#show ip bgp

BGP table version is 4, local router ID is 10.2.2.2

Status codes：s suppressed，d damped，h history，＊ valid，＞ best，i-internal，

        S Stale

Origin codes：i-IGP，e-EGP，？ -incomplete

Network	Next Hop	Metric	LocPrf	Path
＊ ＞ 172. 16. 1. 0/24	10. 2. 2. 1	0		65000 64520 i

Total number of prefixes 1

可以看到，由于没有使用任何策略，ISPB 中的 RD 收到了企业网络通告的路由。

第四步：配置团体属性

RA(config)#ip access-list 10 permit 172. 16. 1. 0 0. 0. 0. 255

！ 配置匹配企业网络路由的访问控制列表

RA(config)#route-map mymap permit 10

RA(config-route-amp)#match ip address 10

RA(config-route-amp)#set community no-export

！ 对于匹配访问控制列表 10 的路由为其设置 no-export 团体属性

RA(config-route-amp)#exit

RA(config)#route-map mymap permit 20

！ 配置允许所有其他路由的 route-map 子句

RA(config-route-amp)#exit

RA(config)#router bgp 64520

RA(config-router)#neighbor 10. 1. 1. 1 send-community

！ 允许将团体属性发送给 RB

RA(config-router)#neighbor 10. 1. 1. 1 route-map mymap out

！ 将 route-map 应用到发送到 RB 的路由上

RB(config)#router bgp 65000

RB(config-router)#neighbor 192. 168. 3. 2 send-community

！ 允许将团体属性发送给 RC

RA#clear ip bgp 10. 1. 1. 1

！ 复位 BGP 邻居关系以使配置的策略生效

第五步：验证测试

查看 RB 的 BGP 路由信息：

RB#show ip bgp

BGP table version is 6, local router ID is 10. 1. 1. 1

Status codes：s suppressed，d damped，h history，＊ valid，＞ best，i-internal，

        S Stale

Origin codes：i-IGP，e-EGP，？ -incomplete

Network	Next Hop	Metric	LocPrf	Path
* > 172. 16. 1. 0/24	10. 1. 1. 2	0		64520 i

Total number of prefixes 1

RB#show ip bgp 172. 16. 1. 0
BGP routing table entry for 172. 16. 1. 0/24
Paths:(1 available,best #1,table Default-IP-Routing-Table,not advertised to EBGP peer)
  Advertised to non peer-group peers:
  192. 168. 3. 2
  64520
    10. 1. 1. 2 from 10. 1. 1. 2 (172. 20. 0. 1)
      Origin IGP metric 0,localpref 100,distance 20,valid,external,best
      Community:**no-export**
      Last update:Sat Mar 14 23:50:33 2009

    通过 RB 的 BGP 路由信息可以看到，RB 收到了企业网络通告的路由，而且 172. 16. 1. 0/24 路由具有 no-export 团体属性。

    查看 RC 的 BGP 路由信息：

RC#show ip bgp
BGP table version is 7,local router ID is 10. 2. 2. 1
Status codes:s suppressed,d damped,h history, * valid, > best,i-internal,
         S Stale
Origin codes:i-IGP,e-EGP,? -incomplete

Network	Next Hop	Metric	LocPrf	Path
* > i172. 16. 1. 0/24	192. 168. 3. 1	0	100	64520 i

Total number of prefixes 1

RC#show ip bgp 172. 16. 1. 0
BGP routing table entry for 172. 16. 1. 0/24
Paths:(1 available,best #1,table Default-IP-Routing-Table,not advertised to EBGP peer)
  Not advertised to any peer
  64520
    192. 168. 3. 1 from 192. 168. 3. 1 (10. 1. 1. 1)
      Origin IGP metric 0,localpref 100,distance 200,valid,internal,best
      Community:**no-export**
      Last update:Sat Mar 28 01:03:33 2009

    通过 RC 的路由信息可以看出，RC 收到了企业网络通告的路由，并且该路由具有 no-export 的团体属性，但是该路由并没有被通告给任何的对等体。

查看 RD 的 BGP 路由表：

```
RD#show ip bgp
```

RD 没有学习到路由条目。

【注意事项】

- 如果要使本地对等体将团体属性发送给邻居，必须配置 **neighbor send-community** 命令。
- 在配置 route-map 时，末尾必须添加允许所有的子句，不然路由会被过滤掉，因为 route-map 的末尾隐藏着一条 deny any 的子句。
- 在将 route-map 应用到 BGP 邻居后，需要使用 **clear ip bgp** 命令复位与其他对等体的邻居关系后，配置的策略才能生效。

【参考配置】

```
RA#show running-config

Building configuration. . .
Current configuration:633 bytes

!
hostname RA
!
!
!
route-map mymap permit 10
  match ip address 10
  set community no-export
!
route-map mymap permit 20
!
!
ip access-list standard 10
  10 permit 172. 16. 1. 0 0. 0. 0. 255
!
!
interface FastEthernet 0/0
  ip address 10. 1. 1. 2 255. 255. 255. 0
  duplex auto
  speed auto
!
interface FastEthernet 0/1
  duplex auto
  speed auto
!
```

```
interface Loopback 0
 ip address 172. 16. 1. 1 255. 255. 255. 0
!
router bgp 64520
 network 172. 16. 1. 0 mask 255. 255. 255. 0
 neighbor 10. 1. 1. 1 remote-as 65000
 neighbor 10. 1. 1. 1 send-community
 neighbor 10. 1. 1. 1 route-map mymap out
!
!
line con 0
line aux 0
line vty 0 4
 login
!
!
end

RB#show running-config

Building configuration. . .
Current configuration：813 bytes

!
hostname RB
!
!
!
interface FastEthernet 0/0
 ip address 10. 1. 1. 1 255. 255. 255. 0
 duplex auto
 speed auto
!
interface FastEthernet 0/1
 ip address 192. 168. 3. 1 255. 255. 255. 0
 duplex auto
 speed auto
!
!
router bgp 65000
 neighbor 10. 1. 1. 2 remote-as 64520
 neighbor 192. 168. 3. 2 remote-as 65000
 neighbor 192. 168. 3. 2 next-hop-self
 neighbor 192. 168. 3. 2 send-community
!
```

```
!
!
line con 0
line aux 0
line vty 0 4
 login
!
end

RC#show running-config

Building configuration...
Current configuration:555 bytes

!
hostname RC
!
!
interface FastEthernet 0/0
 ip address 10. 2. 2. 1 255. 255. 255. 0
 duplex auto
 speed auto
!
interface FastEthernet 0/1
 ip address 192. 168. 3. 2 255. 255. 255. 0
 duplex auto
 speed auto
!
!
router bgp 65000
 neighbor 10. 2. 2. 2 remote-as 64521
 neighbor 192. 168. 3. 1 remote-as 65000
!
!
line con 0
line aux 0
line vty 0 4
 login
!
!
end

RD#show running-config

Building configuration...
```

Current configuration:477 bytes

```
!
hostname RD
!
!
interface FastEthernet 0/0
 ip address 10. 2. 2. 2 255. 255. 255. 0
 duplex auto
 speed auto
!
interface FastEthernet 0/1
 duplex auto
 speed auto
!
!
!
router bgp 64521
 neighbor 10. 2. 2. 1 remote-as 65000
!
!
line con 0
line aux 0
line vty 0 4
 login
!
!
end
```

实验 10　配置 BGP 联盟

【实验名称】

配置 BGP 联盟。

【实验目的】

理解在大型 BGP 网络中使用 BGP 联盟带来的优点,并掌握配置 BGP 联盟的方法。

【背景描述】

某 ISP 网络中存在大量的 BGP 路由器,根据 BGP 水平分割原则,为了避免潜在的环路,BGP 对等体不将从 IBGP 收到的路由更新再通告给其他的 IBGP 对等体。因此 BGP 的水平分割原则使我们必须在自治系统内部建立全互联(full-mesh)的 IBGP 邻居关系,但是这将带来大量的手工配置工作，并且由于邻居关系数目众多，也给维护和故障排除带来了不便。

【需求分析】

为了减少自治系统内部由于建立全互联的 IBGP 拓扑而带来的问题，我们可以使用联盟来简化配置和管理维护的工作。

【实验拓扑】

拓扑如图 6 – 10 所示。

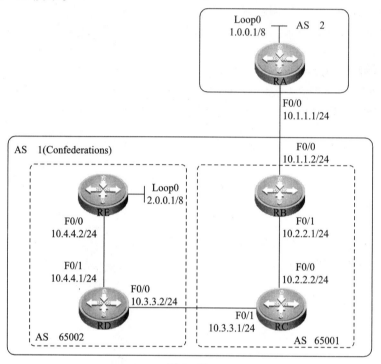

图 6 – 10

【实验设备】

路由器 5 台

【预备知识】

路由器基本配置知识、IP 路由知识、BGP 工作原理

【实验原理】

与路由反射器一样，联盟（Confederations）也是用来减少大型自治系统中 IBGP 会话数目过于庞大的问题。路由反射器是通过放宽 BGP 水平分割的限制来减少需要建立的 IBGP 会话数。而联盟的核心思想是将一个大的自治系统划分成若干个子自治系统。子自治系统与子自治系统之间通过联盟内的 EBGP 进行互联，子自治系统内部仍然是全互联的 IBGP 拓扑。

【实验步骤】

第一步：配置 IP 地址

RA#configure terminal

RA(config)#interface FastEthernet 0/0

RA(config-if)#ip address 10. 1. 1. 1 255. 255. 255. 0

RA(config-if)#exit

RA(config)#interface Loopback 0

RA(config-if)#ip address 1. 0. 0. 1 255. 0. 0. 0

RA(config-if)#exit

RB#configure terminal

RB(config)#interface FastEthernet 0/0

RB(config-if)#ip address 10. 1. 1. 2 255. 255. 255. 0

RB(config-if)#exit

RB(config)#interface FastEthernet 0/1

RB(config-if)#ip address 10. 2. 2. 1 255. 255. 255. 0

RBconfig-if)#exit

RC#configure terminal

RC(config)#interface FastEthernet 0/0

RC(config-if)#ip address 10. 2. 2. 2 255. 255. 255. 0

RC(config-if)#exit

RC(config)#interface FastEthernet 0/1

RC(config-if)#ip address 10. 3. 3. 1 255. 255. 255. 0

RC(config-if)#exit

RD#configure terminal

RD(config)#interface FastEthernet 0/0

RD(config-if)#ip address 10. 3. 3. 2 255. 255. 255. 0

RD(config-if)#exit

RD(config)#interface FastEthernet 0/1

RD(config-if)#ip address 10. 4. 4. 1 255. 255. 255. 0

RD(config-if)#exit

RE#configure terminal

RE(config)#interface FastEthernet 0/0

RE(config-if)#ip address 10. 4. 4. 2 255. 255. 255. 0

RE(config-if)#exit

RE(config)#interface Loopback 0

RE(config-if)#ip address 2. 0. 0. 1 255. 0. 0. 0

RE(config-if)#exit

第二步：配置 BGP 联盟

RA(config)#router bgp 2

RA(config-router)#neighbor 10. 1. 1. 2 remote-as 1

！配置与 RB 的邻居关系,远程 AS 号使用联盟 AS 号,而非子自治系统的 AS 号

RA(config-router)#network 1. 0. 0. 0

RB（config-router）#router bgp 65001

RB（config-router）#bgp confederation identifier 1

！配置联盟的 AS 号

RB（config-router）#neighbor 10. 1. 1. 1 remote-as 2

RB（config-router）#neighbor 10. 2. 2. 2 remote-as 65001

！配置与 RC 的邻居关系，远程 AS 号使用子自治系统的 AS 号

RB（config-router）#neighbor 10. 2. 2. 2 next-hop-self

RC（config）#router bgp 65001

RC（config-router）#bgp confederation identifier 1

！配置联盟的 AS 号

RC（config-router）#bgp confederation peers 65002

！配置与本地子自治系统相连的其他子自治系统的 AS 号

RC（config-router）#neighbor 10. 2. 2. 1 remote-as 65001

！配置与 RB 的邻居关系，远程 AS 号使用子自治系统的 AS 号

RC（config-router）#neighbor 10. 2. 2. 1 next-hop-self

RC（config-router）#neighbor 10. 3. 3. 2 remote-as 65002

！配置与 RD 的邻居关系，远程 AS 号使用子自治系统的 AS 号

RC（config-router）#neighbor 10. 3. 3. 2 next-hop-self

！配置 RC 将路由发送给 RD 时将下一跳设置为自身，否则 RB 通告的下一跳将会在整个联盟内
传播，可能导致下一跳不可达问题

RD（config）#router bgp 65002

RD（config-router）#bgp confederation identifier 1

！配置联盟的 AS 号

RD（config-router）#bgp confederation peers 65001

！配置与本地子自治系统相连的其他子自治系统的 AS 号

RD（config-router）#neighbor 10. 3. 3. 1 remote-as 65001

！配置与 RC 的邻居关系，远程 AS 号使用子自治系统的 AS 号

RD（config-router）#neighbor 10. 3. 3. 1 next-hop-self

RD（config-router）#neighbor 10. 4. 4. 2 remote-as 65002

！配置与 RE 的邻居关系，远程 AS 号使用子自治系统的 AS 号

RD（config-router）#neighbor 10. 4. 4. 2 next-hop-self

！配置 RD 将路由发送给 RE 时将下一跳设置为自身，否则 RC 设置的下一跳可能会导致下一跳
不可达问题

RE（config-router）#router bgp 65002

RE（config-router）#bgp confederation identifier 1

！配置联盟的 AS 号

RE（config-router）#neighbor 10. 4. 4. 1 remote-as 65002

！配置与 RD 的邻居关系，远程 AS 号使用子自治系统的 AS 号

RB（config-router）#network 2. 0. 0. 0

第三步：验证测试

查看 RA 的 BGP 路由表：

RA#show ip bgp

BGP table version is 15, local router ID is 1.0.0.1

Status codes: s suppressed, d damped, h history, * valid, > best, i-internal,

           S Stale

Origin codes: i-IGP, e-EGP, ? -incomplete

	Network	Next Hop	Metric	LocPrf	Path
* >	1.0.0.0	0.0.0.0	0		i
* >	2.0.0.0	10.1.1.2	0		1 i

Total number of prefixes 2

通过 RA 的路由表可以看到，RA 学习到了 2.0.0.0 的路由，AS 路径为 "1"，因为对于 AS 2 来说，联盟 AS 1 被看作是一个 AS，外部自治系统不能看到联盟中的子自治系统的细节。

查看 RD 的 BGP 路由信息：

RD#show ip bgp

BGP table version is 20, local router ID is 10.4.4.1

Status codes: s suppressed, d damped, h history, * valid, > best, i-internal,

           S Stale

Origin codes: i-IGP, e-EGP, ? -incomplete

	Network	Next Hop	Metric	LocPrf	Path
* >	1.0.0.0	10.3.3.1	0	100	(65001) 2 i
* > i	2.0.0.0	10.4.4.2	0	100	i

Total number of prefixes 2

RD#show ip bgp 1.0.0.0

BGP routing table entry for 1.0.0.0/8

Paths: (1 available, best #1, table Default-IP-Routing-Table)

  Advertised to non peer-group peers:

  10.4.4.2

  (65001) 2

    10.3.3.1 from 10.3.3.1 (10.3.3.1)

      Origin IGP metric 0, localpref 100, distance 200, valid, **confed-external**, best

      Last update: Sat Mar 28 05:35:19 2009

通过 RD 的 BGP 路由表可以看到，1.0.0.0 路由的 AS 路径属性为 "(65001) 2"，括号中的 AS 号表示联盟内的 AS 路径。并且在 RD 的 1.0.0.0 路由的详细信息中我们可以看到，该路由被标记为 "confed-external"，这表示该路由是通过联盟内部的外部链路学习到的。

【注意事项】

配置联盟时，需要在联盟内的所有 BGP 发言者配置 **bgp confederation identifier** 命令，并且需要使用 **bgp confederation peers** 命令在联盟内与其他子自治系统相连的路由器上指定与本自治系统相连的子自治系统。

【参考配置】

```
RA#show running-config

Building configuration. . .
Current configuration :731 bytes

!
hostname RA
!
!
interface FastEthernet 0/0
 ip address 10. 1. 1. 1 255. 255. 255. 0
 duplex auto
 speed auto
!
interface FastEthernet 0/1
 duplex auto
 speed auto
!
interface Loopback 0
 ip address 1. 0. 0. 1 255. 0. 0. 0
!
!
!
router bgp 2
 network 1. 0. 0. 0
 neighbor 10. 1. 1. 2 remote-as 1
!
!
line con 0
line aux 0
line vty 0 4
 login
!
!
end


RB#show running-config
```

Building configuration. . .
Current configuration ：733 bytes

!
hostname RB
!
!
!
!
!
!
!
interface FastEthernet 0/0
　ip address 10. 1. 1. 2 255. 255. 255. 0
　duplex auto
　speed auto
!
interface FastEthernet 0/1
　ip address 10. 2. 2. 1 255. 255. 255. 0
　duplex auto
　speed auto
!
!
router bgp 65001
bgp confederation identifier 1
neighbor 10. 1. 1. 1 remote-as 2
neighbor 10. 2. 2. 2 remote-as 65001
neighbor 10. 2. 2. 2 next-hop-self
!
!
line con 0
line aux 0
line vty 0 4
　login
!
!
end

RC#show running-config

Building configuration. . .
Current configuration ：699 bytes

!
hostname RC

```
!
!
interface FastEthernet 0/0
  ip address 10. 2. 2. 2 255. 255. 255. 0
  duplex auto
  speed auto
!
interface FastEthernet 0/1
  ip address 10. 3. 3. 1 255. 255. 255. 0
  duplex auto
  speed auto
!
!
router bgp 65001
  bgp confederation identifier 1
  bgp confederation peers 65002
  neighbor 10. 2. 2. 1 remote-as 65001
  neighbor 10. 2. 2. 1 next-hop-self
  neighbor 10. 3. 3. 2 remote-as 65002
  neighbor 10. 3. 3. 2 next-hop-self
!
!
line con 0
line aux 0
line vty 0 4
  login
!
!
end

RD#show running-config

Building configuration. . .
Current configuration:682 bytes

!
hostname RD
!
!
interface FastEthernet 0/0
  ip address 10. 3. 3. 2 255. 255. 255. 0
  duplex auto
  speed auto
!
interface FastEthernet 0/1
```

```
   ip address 10. 4. 4. 1 255. 255. 255. 0
   duplex auto
   speed auto
 !
 !
 !
router bgp 65002
  bgp confederation identifier 1
  bgp confederation peers 65001
  neighbor 10. 3. 3. 1 remote-as 65001
  neighbor 10. 3. 3. 1 next-hop-self
  neighbor 10. 4. 4. 2 remote-as 65002
  neighbor 10. 4. 4. 2 next-hop-self
 !
 !
line con 0
line aux 0
line vty 0 4
  login
 !
 !
end


RE#show running-config

Building configuration. . .
Current configuration:584 bytes

 !
hostname RE
 !
 !
interface FastEthernet 0/0
  ip address 10. 4. 4. 2 255. 255. 255. 0
  duplex auto
  speed auto
 !
interface FastEthernet 0/1
  duplex auto
  speed auto
 !
interface Loopback 0
  ip address 2. 0. 0. 1 255. 0. 0. 0
 !
```

```
!
!
router bgp 65002
  bgp confederation identifier 1
  network 2. 0. 0. 0
  neighbor 10. 4. 4. 1 remote-as 65002
!
!
line con 0
line aux 0
line vty 0 4
  login
!
!
end
```

读者意见反馈表

书名：RCNP 实验指南：构建高级的路由互联网络（BARI）　主编：石林　方洋　李文宇　策划编辑：施玉新

> 　　谢谢您关注本书！烦请填写该表。您的意见对我们出版优秀教材、服务教学，十分重要。如果您认为本书有助于您的教学工作，请您认真地填写表格并寄回。**我们将定期给您发送我社相关教材的出版资讯或目录，或者寄送相关样书。**

个人资料

姓名＿＿＿＿＿＿年龄＿＿＿＿联系电话＿＿＿＿＿＿＿＿＿（办）＿＿＿＿＿＿＿＿＿（宅）＿＿＿＿＿＿＿＿（手机）

学校＿＿＿＿＿＿＿＿＿＿＿＿＿＿＿＿＿＿＿＿专业＿＿＿＿＿＿＿＿职称/职务＿＿＿＿＿＿＿＿＿＿＿

通信地址＿＿＿＿＿＿＿＿＿＿＿＿＿＿＿＿＿邮编＿＿＿＿＿＿E-mail＿＿＿＿＿＿＿＿＿＿＿＿＿＿

您校开设课程的情况为：

本校是否开设相关专业的课程　□是，课程名称为＿＿＿＿＿＿＿＿＿＿＿＿＿＿＿＿＿＿　□否

您所讲授的课程是＿＿＿＿＿＿＿＿＿＿＿＿＿＿＿＿＿＿＿＿＿＿课时＿＿＿＿＿＿＿＿＿＿＿

所用教材＿＿＿＿＿＿＿＿＿＿＿＿＿＿＿＿＿出版单位＿＿＿＿＿＿＿＿＿＿＿印刷册数＿＿＿＿＿

本书可否作为您校的教材？

□是，会用于＿＿＿＿＿＿＿＿＿＿＿＿＿＿＿＿＿课程教学　　□否

影响您选定教材的因素（可复选）：

□内容　　　　□作者　　　　□封面设计　　□教材页码　　　□价格　　　　□出版社

□是否获奖　　□上级要求　　□广告　　　　□其他＿＿＿＿＿＿＿＿＿＿＿＿＿＿＿＿＿＿＿

您对本书质量满意的方面有（可复选）：

□内容　　　　□封面设计　　□价格　　　　□版式设计　　　□其他＿＿＿＿＿＿＿＿＿＿＿＿

您希望本书在哪些方面加以改进？

□内容　　　　□篇幅结构　　□封面设计　　□增加配套教材　□价格

可详细填写：＿＿＿＿＿＿＿＿＿＿＿＿＿＿＿＿＿＿＿＿＿＿＿＿＿＿＿＿＿＿＿＿＿＿＿＿＿＿

＿＿

您还希望得到哪些专业方向教材的出版信息？

＿＿

感谢您的配合，可将本表按以下方式反馈给我们：

【方式一】电子邮件：登录华信教育资源网（http://www.hxedu.com.cn/resource/OS/zixun/zz_reader.rar）下载本表格电子版，填写后发至 ve@phei.com.cn

【方式二】邮局邮寄：北京市万寿路 173 信箱华信大厦 902 室 中等职业教育分社 （邮编：100036）

如果您需要了解更详细的信息或有著作计划，请与我们联系。

电话：010-88254475；88254591

反侵权盗版声明

电子工业出版社依法对本作品享有专有出版权。任何未经权利人书面许可，复制、销售或通过信息网络传播本作品的行为；歪曲、篡改、剽窃本作品的行为，均违反《中华人民共和国著作权法》，其行为人应承担相应的民事责任和行政责任，构成犯罪的，将被依法追究刑事责任。

为了维护市场秩序，保护权利人的合法权益，我社将依法查处和打击侵权盗版的单位和个人。欢迎社会各界人士积极举报侵权盗版行为，本社将奖励举报有功人员，并保证举报人的信息不被泄露。

举报电话：（010）88254396；（010）88258888

传　　真：（010）88254397

E-mail：　dbqq@phei.com.cn

通信地址：北京市万寿路 173 信箱

　　　　　电子工业出版社总编办公室

邮　　编：100036